做一个优雅睿智的女子

女神是这样炼成的

李建珍／著

山東文藝出版社

图书在版编目（CIP）数据

做一个优雅睿智的女子 / 李建珍著. 一济南：山东文艺出版社，2019.3
ISBN 978-7-5329-5792-7

Ⅰ. ①做… Ⅱ. ①李… Ⅲ. ①女性－修养－通俗读物
Ⅳ. ①B825.5-49

中国版本图书馆CIP数据核字（2019）第012834号

做一个优雅睿智的女子

ZUO YIGE YOUYA RUIZHI DE NUZI

李建珍　著

主管单位　山东出版传媒股份有限公司
出版发行　山东文艺出版社
社　　址　山东省济南市英雄山路189号
邮　　编　250002
网　　址　www.sdwypress.com

读者服务　0531—82098776（总编室）
　　　　　　0531—82098775（市场营销部）
电子邮箱　sdwy@sdpress.com.cn

印　　刷　嘉业印刷（天津）有限公司
开　　本　880毫米×1230毫米　1/32
印　　张　6.5
字　　数　121千
版　　次　2019年3月第1版
印　　次　2019年3月第1次印刷
书　　号　ISBN 978-7-5329-5792-7
定　　价　39.80 元

序言　把自己修炼成“女神”

作为普罗大众的一员，我们总爱关注那些美丽、优雅又杰出的女人，那些常被人们称之为“女神”的女人。

喜欢她们，想成为她们那样的人——这是很多女生的梦想。

喜欢她们，想娶那样的女子为妻——这是很多男人梦寐以求的。

总在仰慕她人，是成不了“女神”的；总靠涂脂抹粉，扮靓自己，用美颜相机美化自己，也是成不了“女神”的；至于美容整形，更是成不了“女神”。不仅成不了，还有不少“女神”因为整容而惨遭毁容。面部僵硬，神情古怪已算是好的，更夸张的是变成“猪头”，变成“蛇精”，变成《西游记》里那些妖里妖气的丑八怪，惨不忍睹，没脸见人，直接由“女神”变成“女神经”。

“女神”除了拥有悦人眼目的容颜、窈窕多姿的身材外，还必须有自己的事业，能够让自己美上加美的事业。

民国“女神”林徽因说过，女人不能只讲美，还要有自己的事业。

林徽因不仅外表美丽，而且才华横溢，更有令人钦佩的成功的事业。

她家学渊源，多才多艺，旅英留美，得到东西方文化艺术的熏陶。风华绝代的她，既有中国传统大家闺秀的风范，又有西方女子的独立精神和职业素养，是那个时代罕见的“女神”代表，纵然经历时光的淘洗，也丝毫不能使她的美丽与出色衰减。

她被胡适誉为中国一代才女。她在诗歌、小说、散文、戏剧、绘画、翻译等方面都成就斐然。那时，她家的客厅就是高级文化沙龙，聚集了当时中国的文化界名流。

她最大的成就体现在对建筑的研究、保护和设计上。她与丈夫梁思成骑着小毛驴，住简陋的小旅店，颠簸在穷乡僻壤之间，在荒寺古庙、危梁斗拱中考察研究中国古建筑。颠沛流离的生活和艰苦的物质条件，使她肺病复发。在病榻上，她通读了廿四史中有关建筑的部分，为写《中国建筑史》搜集资料，经常工作到深夜。

作为中国第一位女建筑学家，她有三项重大贡献：一、参与国徽设计，二、改进传统景泰蓝工艺，三、参加天安门广场的人民英雄纪念碑设计。

她是那个时代一众优秀男人心中的“女神”，浪漫诗人徐志摩因她而离婚，著名哲学家金岳霖为她而终身不娶，她家搬到哪里，他就搬到她隔壁。

终其一生的努力，她成了后人眼中的民国“女神”。她的成就，绝非豪富之家的交际花型的“名媛”所能匹敌的。

长相姣好的女子很多，能被称为“女神”的则很少，其中的关键在于：是恃美而骄，还是有更开阔的视野，更高尚的境界，更远大的理想，更宏大的格局？如果是前者，就止步于外表之美，如果加上后者，并且孜孜不倦地努力，才有可能成为大众所仰慕的“女神”——她付出的努力，达到的高度，是一般人难以企及的，只能仰望。

“女神”的优雅与杰出不是与生俱来的，而是靠着刻苦努力，一步步打磨出来的。

目 录

第一辑 优雅是永不褪色的美丽

有韧性的女人，在对抗挫折中，与悲伤的过往诀别，选定方向，继续前进，岁月会磨炼出女性的优雅气质，成就其华美人生。

第二辑

优雅是由内而外的展现

唯有感恩，唯有尽孝，唯有“滴水之恩当涌泉相报”，这才是为人子女的正道，才能得到相应的福报，优雅、风度以及美好的一切才能随之而来。

第三辑 / 女人格局越大越美丽

越优秀的人越不屑与人计较，而不思进取的人则往往容易陷入对他人、对社会的不满情绪中，有极端者更是戾气横溢，时不时泼洒出来，弄脏别人，也毁了自己的声誉。

第四辑 低调的女人更优雅

想成为优雅的女人，一定要学会收敛，要管住自己一颗爱炫耀的骚动的心，注重培养自己的涵养气度，减少对别人一览众山小的蔑视心态，避免瞧不起别人的傲慢。

第五辑 / 心的美丽盾牌

一个自己快乐，还能带着身边一群人一起快乐的美丽女生，谁不喜欢呢？

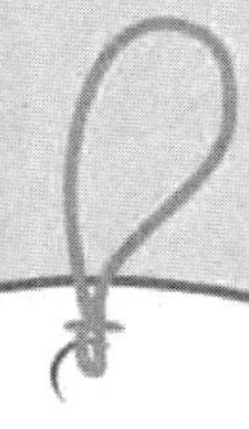

第一辑 优雅是永不褪色的美丽

有韧性的女人，在对抗挫折中，与悲伤的过往诀别，选定方向，继续前进，岁月会磨炼出女性的优雅气质，成就其华美人生。

美丽优雅一生的秘诀

用一生去爱护自己的名声与美貌，这需要多么强的自控力？唯有自控力强的女人，才能由内而外散发出美好的气息。

一个东方古典美女，娉娉婷婷地走来，身材曼妙，摇曳生姿，仪态万方，她每次出现，都会引起无数艳羡与赞叹：冻龄、美丽、优雅、古典、人生赢家……

所有的人眼光不可避免地被她吸引，女人会想：这么美，为什么不是我？好希望我也能像她那么优雅那样美。

男人会想：如果我也能有那么美、那么贤良的妻子，这一生都值了。

不过，所有的资料都在提醒观众：她已年过六旬。

可是，人们宁愿相信自己的眼睛，相信她与二八少女一般无二的背影，相信她驻颜有术，拥有不老的容颜。

在她身上，你看不到任何不美的地方。

您一定猜到她是谁了。

赵雅芝！

人如其名，温柔雅致，有兰之芬芳，芝之灵秀。

一个女人，青春年少时貌美如花并不稀奇，到一定年龄还能保持这样的美态，360 度无死角，与任何年轻的女明星站在一起都毫不逊色，这不是一味注重保养和整容能做到的。

对于女人来说，成功的事业是获得自信的前提；对于影视明星来说，塑造好每个角色，就是成就自己的事业，拿得出手的作品是证明自己优秀的底气。

四十多年的演艺之路，赵雅芝作品不多，但几乎每一部都是脍炙人口的经典之作：《楚留香》《上海滩》《京华烟云》《戏说乾隆》《新白娘子传奇》……那些年的暑假，电视台一遍遍地播放，我们一遍遍地看，毫不厌倦。

她不像有些女演员档期排得满满的，但她赢得了观众的心，2007 年还获得中国首届“华鼎奖”“最受公众尊敬表演艺术家”的称号。

事业有成的人方能有自信撑起自己的蓝天。蓝天白云，阳光普照，明媚就画上了脸。轻盈浅笑，永远比阴沉得要滴下雨水的脸好看、耐看。虽然岁月的流逝会使眼角长鱼尾纹，但阴沉的脸更容易让法令纹加深，不再上扬的嘴角就变成“覆火口”。“笑一笑，十年少”，这话不会过时，微笑的明媚女子将阳光洒入自己与别人的心田，就会显得年轻很多。

任何人，对世界，不可不存敬畏之心。

然而很多年纪轻轻就出名的明星并不懂这最浅显的道理，仗着自己年轻娇嫩，得到粉丝的拥趸，就沾沾自喜，飘飘欲仙，以为自己走到哪里都有人追捧，是那么了不起，于是目空一切。更有人以为自己做任何事情都能得到原谅，从而放松对自己的要求，沾上“黄赌毒”或其他不良嗜好，将人性的弱点暴露无遗。

殊不知，在这个快餐时代，不论是新出道的“小鲜肉”，还是出道已久的大明星，只要败了名声，很快就会被后面的“波浪”一波又一波狠狠地覆盖在“沙滩”上。

耻于见人，再也没有娱记追捧，转而迅速消失在人们的视野中。三五年乃至十来年后，更新换代的年轻人谁还买你的账？想翻身，谁还认识你？再回头，难比登天！

光环笼罩，得到令人羡慕的名利的同时，也不可避免会引来嫉妒和恨。不过，大众对赵雅芝是例外。数年前，她以 53 岁的年龄参加“粉红丝带”活动。无论媒体还是网友，对她的评价都呈一边倒——没有贬，只有褒。虽然，这与她的天生丽质有关，但如果仅靠颜值，不足以令人倾心，毕竟，如今天生和人工美女多如牛毛，因为观众并非只是一味地只看外表而没品位和是非观。

爱护自己的名声等同于爱护自己的美貌，永远只做正能量的事，而不产生负面的影响，这是赵雅芝的处事原则和保持优雅的秘诀。很难相信，名声坏了的女人能优雅——装出来的不算。是装的，还是真的优雅，在冷眼旁观者的眼里，就像一团煤炭落在一片雪原中，黑白分明，一目了然。

用一生去爱护自己的名声与美貌，这需要多么强的自控力？唯有自控力强的女子，才能由内而外散发出美好的气息。

当很多女孩做着赵雅芝第二的美梦，却宅在家里，躺在床上，吃着无穷无尽的零食，刷着没完没了的朋友圈，玩着脑洞大开的游戏，看着每日推送的无数条八卦新闻时，赵雅芝在干什么？她在健身，在运动，在每餐只吃七分饱中保持着自己的活力和优雅。

身为明星，养眼，保持完美形象，是义务也是责任，既是为粉丝，更是为自己。

赵雅芝爱美爱到骨子里，却不走极端，她并不节食到每餐只吃十几粒米，并不瘦到像难民，像骸骨，因为那种将自己逼到骨瘦如柴的人一点儿也不优雅；但她也不放开肚子，撑得溜圆，因为肥胖的女生或者会有几分可爱，但绝不优雅。

当许多俊男美女仗着青春的资本挥霍自己的年轻与美丽，在岁月中经不起杀猪刀的残酷而渐渐长残的时候；当很多明星处心积虑地追求美，孜孜不倦地做各种美容，乃至整容、整形，无所不用其极的时候；当某些女人们靠金钱美丽自己的同时，又与烟酒麻将，甚至毒品为伴，以此打发空虚的生活的时候……赵雅芝却从未有此类传闻。她将父母亲优良的遗传基因保持至今，靠的是她有规律的生活，长期坚持有氧运动，不肆意糟践自己的天赋容颜。

数十年如一日地坚持健身，坚持七分饱。女生们想学芝姐，先学这两点吧。如果连最基本的这两点都做不到，就很难在美丽优雅的道上一路向前。不能等到将时间败光，再无比后悔地说："如果能穿越回去，一定会控制住自己贪吃的嘴，贪婪的心。"没有时光可回头，抓住眼前，做最美好的自己。辛苦过后，会有回报，那时会感谢自己的付出。

优雅之人必须具备善良慈悲的心态，能够善待他人。赵雅芝，曾任香港慈善机构"慧妍雅集"主席（会长）一职，对慈善事业贡献很大，她常常放下工作去看望养老院的老人，和比她年长几岁、十几岁、二十几岁的老人在一起，她就是一个年轻人，大家在赞叹她仪态万方的同时，也赞美她的善心。

赵雅芝不缺财富，但她却能控制住奢侈浪费的土豪之心，不炫富，不晒财，有厉行节约的良好习惯，也有将自己的财富惠及他人的豪爽。

娱乐圈里，美丽的女人常受到众星捧月的待遇，这会让不知天高地厚的人滋生飞扬跋扈的性格，而与赵雅芝一起拍片的演员都为她体贴别人、善解人意而感动——温柔和善的女人是美丽的。她的善良体现在对每一个人好，不仅亲人，不仅老人，还有众多与她一起拍戏的演职员，都对她赞不绝口。当大牌明星们纷纷摆谱惹人厌时，她会早起，亲自煲营养又美味的汤，带到片场请大家一起喝，只这一点，不知有几个明星能做到。

“相由心生”，当年龄渐长，心灵就对外貌产生了巨大的影响。这是一个长期的、潜移默化的过程，如果心眼不好，时间长了以后，在相貌上表现出来，再做任何外在的修修补补，都很难见效，甚至会起反作用。永葆一颗善良慈悲的心，才会为美丽优雅加分。

曾经听一个朋友看到另一个人的照片后，惊呼：“怎么变得这么猥琐？”才几年不见，“猥琐”一词就上了一个原本很帅气的男人的脸，不能不说太悲哀了。究其原因，是内心的猥琐渐渐地在外貌上表现出来了。内心既已猥琐，外表再扮帅耍酷也无济于事。

赵雅芝还非常爱国，记得几年前，她经过天安门时，按捺不住激动的心情，拍了照片发在微博上，遭到不少人冷嘲热讽，但这并不改她的爱国心，反而让她更勇敢、更加正能量。在大是大非面前有原则有立场，就让优雅有了令人敬佩的根基与分量。

孤家寡人、独来独往的女人会渐染彪悍的女强人气质，难以优雅，和睦的家庭是优雅女人最坚强的后盾。虽然赵雅芝也曾因年轻不成熟而离过婚，但后来她有一个相亲相爱事业有成的丈夫，三个渐渐长大有所作为的聪明孩子。对女人来说，这样的幸福是多少金钱也换不来的。每每看到她与先生携手出席活动，用脸上满溢的幸福给观众撒了大把的“狗粮”时，就不禁赞叹她的高智商、高情商，以及难以企及的幸运。

在很多女人害怕变成黄脸婆而嫌弃做家务的今天，赵雅芝为家庭放弃了许多，试想一下，照顾三个孩子成长该付出多少辛劳，而她没有因此变老，反而越来越精致，越来越美丽，不得不慨叹：勤劳而心态平衡的女人是美丽的。

集万千美丽于一身，造就了赵雅芝那种“只可远观”的美，即便是她全裸出镜，参加“粉红丝带”的拍摄，给人们的感觉也依然是唯美的。

这种美，与品位格调有关，与情色风月无关。

女人，想美丽优雅一生，不妨学学赵雅芝。

有韧性的女人更优雅

有韧性的女人，在对抗挫折中，与悲伤的过往诀别，选定方向，继续前进，岁月会磨炼出女性的优雅气质，成就其华美人生。

当我们脱离稚气的童年，进入娇美、青涩而充满活力的青春期，很多时候，我们并不明白自己需要什么，有多少能力，能做什么。不仅普通人如此，就是非常优秀的人也会有这样的感觉，比如著名的生物学家施一公，有一次他对清华大学毕业生演讲时，就说到一直上到博士二年级，还不知道自己需要什么，到博士三年级开始才有了一点感觉，到四年级时才信心大增。

在最美的青春，我们期待遇到一个对自己好的人，那样会满足我们对爱情的美好渴望。在最美的年华遇到最合适的，是幸运。我们就会倾心，会投入地爱，因为我们都听人劝过：不要一味地追求物质条件，不要过分贪恋英俊的外表，遇到对你好的人就嫁了吧。这理论，有道理，实际上经不起推敲，更经不起时间的检验。

在这个过程中，有人收获爱情，很快也收获家庭；有人在看似甜美的爱情中，收获的却是满满当当的苦涩，因此怀疑人生，报复社会的也不少。

对你好的人！怎知是否真心？怎知能否永恒？用怀疑一切的态度对待爱情固然不对，但是毫无思想地接受同样也很弱智。

某位男士的名言“我脸盲，不知道我妻子美还是不美”，更多的只是社交场合的一种调侃。

男人看女人，往往先被其美貌吸引，当第一印象打动他了以后，他才会产生进一步交往的心，才会有后来世界观一致的追求，才会有精神层面的志同道合。

当容颜未必如花时，要有自知之明，看清楚自己有哪一些值得男性喜欢的优点——是才华出众，还是温婉可人？总是要有一点吸引人的内才或气质方可。如果仅仅是因为兜里有钱，而让男人离开交往多年感情深厚、貌美如花的女友，那么，即便得到这个帅得一塌糊涂的男人，也无法守住他那一颗不安分的心，当他在财富上得到满足后，就有可能去寻找这一个或者那一个“貌美如花”来补偿自己心理上自认为的精神损失。《人民的名义》中的祁同伟就是最典型的代表。

美美，其实她没有名字叫的那么美，但是她绝对很贤惠很能干。

她家境很好，兄长们都在欧美经商，父母退休后也出国去了，她在国内也有份令人羡慕的好工作。

遇到她的时候，他有一个谈了两年的美丽女友，已到谈婚论嫁的阶段，只是因为双方都拿不出钱来买房，僵住了。他听人介绍说美美有一套父母给她的大别墅，还有比房子还值钱的豪车，她自己还想为未来的孩子再买一套学区房，此外，还有商业方面的投资。他极为惊诧：一个年轻的女生，这样能干，这可比他周围的那些只会叫男朋友送礼物的女生强多了。他央人介绍认识美美后，就甩了自己的女友。

感情发展迅速。婚后，小日子过得挺惬意，开始时他是想好好待妻子，好好爱自己的家，他也是这么做的。因为美美工作忙，他每天赶回家做饭，陪孩子学习、运动，周末带着一家人出游。简直是完美老公，“五好”爸爸。大家都羡慕他们一家子过得幸福美满。

有很长一段时间，他觉得女人美不美无所谓。美美也觉得女人能干最重要，美貌都是外表的，易衰的。有了疼爱自己的老公，不那么注重身材了，因为工作忙，加上总要在外应酬，也没有时间健身锻炼，时间久了，就慢慢胖起来了。

有一天，他外出开会，旁边坐着一个年轻貌美的女人，他很奇怪，这么年轻也能来参加这种会议？女人告诉他：她是替别人来的，领导另有公干。

他为那女人介绍会议的情况、与会的领导人等。女人很感激，在那还没有微信的年代，他们互相留了电话号码。

她很美，是他生活中遇到的最美的一个。可是，来自单亲家庭的她很穷，没钱。那次开会，他曾见她打开随身携带的皮包，包的衬里陈旧不堪，也不知道用了多少年。想想自己妻子一柜子的名牌包包，他觉得心疼不已——这么漂亮的女人难道不应该配名牌包？

听她说，她遇人不淑，男朋友性格怪异，喜怒无常，还喜欢在外面勾三搭四。但是因为当年母亲患病时得到过他家的资助，她觉得要报恩，所以，她一直没有结束这段感情。他觉得她是那么可怜，又那么知恩图报，真是百年难遇的好女子。

无法挽回地，他爱上了她。

爱情是人生中最难控制的情感。爱一个人，没经过时间消磨掉旺盛的“多巴胺”，是很难收回自己的心。他愿意为她做一切，她对他也没有诸如“清空购物车”之类的要求。他觉得这爱情太美好，太纯净，没有夹杂世俗的物质利益。不过，他爱得小心翼翼。

世上没有不透风的墙。“家中红旗不倒，外面彩旗飘飘”的消息终归是传到了妻子的耳中，一场轩然大波是不可避免的。妻子激动过后，拿出自己的气度，问他：选择一个，要我还是要她？

他没有犹豫，答应跟“貌美如花”断。妻子看他决绝的模样，相信了。

可这事以后，妻子变得很敏感，对他不再信任。慑于妻子有办法查出他的对话清单，他不敢再用短信传情，连原手机号码都不敢用，另外买了一部手机，配了一个号。

疑心重重的女人是超级大侦探，他的秘密再次被发现。妻子不再原谅他，坚决要求离婚。

他不愿意，但妻子很是决绝，死心塌地要离婚。

他无奈，只好离了。

念及夫妻情分，妻子并没有赶尽杀绝，还给他留了一套房产。

他完全没有料到的是：妻子用最快的速度卖掉所有房产，带着所有财产和孩子一起到美国去了。

那以后，他得不到妻子的任何消息，仿佛人间蒸发了。

他如愿和“貌美如花”在一起，“貌美如花”一直想要一个名分，他却死活不肯跟她结婚。

当他再次见到他前妻的时候，是在他们共同的微信朋友圈里，多年之后，有了智能手机，有了微信。他的前妻穿一袭白色礼服，参加一个富豪的Party，她的身材竟那么窈窕，完全不复当年的肥胖，而且因为减去了赘肉，前妻变得比当年更美更优雅，这年龄的女人还能保持这样的完美身材，他惊呆了。

再看看身边这位当年的“貌美如花”，似乎过于普通了，没有前妻的优雅气质，而且她因为想跟自己结婚，已经吵闹多年，让他深感厌烦。

他又听说他前妻现在是美国一家跨国企业的总裁，他们的孩子在美国名牌大学就读，更是惊得下巴都要掉下来了。

然而，一切已无法挽回，谁也没有后悔药可吃，谁也回不到过去。

一帆风顺，是所有人的向往，没有人喜欢坎坷挫折，但造化弄人，人生道路没法按照设定好的坦途走。很多人都会遇到坎坷，软弱的人会被打趴下，但坚强的人则愈发强大，甚至绝地反击，发奋战胜自己的弱点缺点。

有韧性的女人，在对抗挫折中，与悲伤的过往诀别，选定方向，继续前进，岁月会磨炼出女性的优雅气质，成就其华美人生。

努力盖在成功的脚印上

才华是上天赋予的，实现才华带来的人生价值，需要付出巨大的努力。追逐成功的脚步中，有人用努力奋进盖下重重的印痕，在世间留下优雅的诗篇。

有一句话流传甚广：明明可以靠脸吃饭，却偏偏要拼才华。

在颜值至上的演艺圈，有不少这样的人。

20 世纪 80 年代末追过琼瑶剧的人都会被一个可爱的童星吸引——金铭。那时，她是小婉君，她是可爱女孩的化身，她的名气和受欢迎程度超过了同剧的女主角，每一个妈妈都希望生一个像她那样聪明伶俐的女儿。她一而再，再而三地出现在不同的剧集中。观众们认为她一定会在演艺这条路上走下去，可是，她一个转身，毫不犹豫地直奔重点中学——北京五中而去，高考填报志愿时，完全不按照观众想象好的轨迹去读艺术类院校，而是填报了“北京大学”，并且只填一个志愿——国际关系。经过努力，她如愿以偿。

北京大学，是万千学子心中神圣的学术殿堂，在校期间，金铭沉浸在知识的海洋中。毕业后，她分配到中国煤矿文工团，担任主持人及独唱演员。后来，她也参与了不少影视剧的拍摄，但都没有激起大的波澜。

有人说，她这么曲折，最后不还是回到演艺圈？还不如直接考艺术院校。

然而，当你看到她低调而自信的眼神，你会觉得这是她心甘情愿的选择，这是她沉浸在文化海洋多年获得的成熟、智慧与修养。她小小年纪就已经名扬四海，小小年纪就立志以当“学霸”来代替当“明星”，她一定知道自己向往的是什么。为实现自己的理想而付出没能获得同时代女星的名利作为代价，在做出选择前，她已经清楚明白了。

在香港，有一位年逾七旬的女演员，她被粉丝称为“真正的女神”，她的成功与魅力不仅在于扮演过许多经典的角色，获得过许多奖项，还在于她对学问孜孜以求，对人生另一半的要求也不仅仅局限在肤浅的“高富帅”，她想要的是在学识上志同道合的伴侣。

她就是萧芳芳，那个嬉笑怒骂的苗翠花，那个鬼马精灵的方世玉的娘，还有那一首让人流泪的《世上只有妈妈好》……

她也是童星，1953年，她才6岁就成了童星，不是为了成名获利，而是为了解决自己和母亲的温饱问题。她的父亲，是一位留学德国研究化工的学者，抗战时曾出任中国实业银行常务董事。萧芳芳两岁时随父母移居香港，不久父亲去世，6 岁的她不得不去当小演员来帮助家里解决生计。母亲为了她的全面成长，动用了一切关系，让她跟武旦大师粉菊花学京剧，去王仁曼舞蹈学校学芭蕾，随傅雷学书法，还让她学射箭、骑马、武术、绘画……

一开始，她就不是只有一张可爱脸蛋的童星，这些超凡的技艺使她与众不同。8 岁，她和李小龙一起出演《孤星血泪》，起点颇高；9 岁，她为邵氏公司出演《梅姑》，从此名声大噪；11 岁，与息影 30 年复出的影后胡蝶合作演出《苦儿流浪记》，更是令她一举成名。六年间，她出演 100 多部武侠片，她一生演出 300 多部电影，获得香港金像奖、“台湾”金马奖、德国银熊奖等众多奖项，可谓战果累累。

也许是从小出名，她深知浮名不能带来快乐与满足，也许因为骨子里流着父亲爱学习的热血，她一心向往上学，但因为忙于拍摄电影，没有时间去学校，只能请家庭教师来教。她为了求学，要先攒够母亲和自己的生活费，那时明星的酬劳不高，她唯有拼命拍戏。15 岁开始就一边拍戏，一边申请外国的学校，一次次失败，都没有动摇她的信念，6 年后，她终于如愿。正当红得发紫的时候，她说服母亲，推掉 8 部电影的片约，独自去美国读书。读书时，家中遭遇经济困难，她在好友的接济下才完成学业，从小没有正式上过学的她，学士毕业论文拿了 A。

她不仅爱学习，对人生伴侣的要求也是颇高的。她去留学前，跟情场杀手谢贤谈过恋爱，但是终因两个人的思想差距不断拉大，最后她提出分手。

她顶着“香港第一位学士影星”的光环留学回来后，一边拍片，一边做电影学术研究，她在琼瑶电影《女朋友》中出演配角，不仅拿下了那一年的金马奖最佳女配角奖，还得到当年花样美男秦祥林的追求，两人排除万难结婚。婚后，秦祥林却越来越跟不上一直上进的萧芳芳，这段婚姻只维持了三年。

离婚后，萧芳芳仍然不断追求进步，进行各种新的尝试。

第二次婚姻，她选择了有“香港才子”之称的张正甫——虽然不如谢贤、秦祥林帅气，但是他的才学和能力深深地吸引了她。这样的男人才配得上她，从此携手共谱爱情曲再也不分离。

后来，萧芳芳又去美国进修两年，再跟着丈夫迁居澳洲，在澳洲攻读跟电影完全不沾边的建筑学。

此后，她仍然不断拍戏并不断获奖，而这些奖项，这些收获，都是她在与病痛抗争中获得的。她一只耳朵先天失聪，另一只耳朵也有严重耳疾，她曾说耳鸣发作时，她想跳楼，但是又不愿意给家人添麻烦。

1997 年，她拍完最后一部影片《麻雀飞龙》后被迫息影。但她向学的痴心不改，她一边拍片，一边攻读儿童心理学，1998 年拿到了美国雷吉斯大学的硕士学位。然后，她创立了保护儿童免受性侵犯的“护苗基金”，从此在慈善事业上掀开新的篇章。

2009 年，萧芳芳 62 岁，她几乎完全听不见了，她获得了香港金像奖颁发的终身成就奖。颁奖时王家卫建议大家不鼓掌，以免干扰她的助听器，用沉默对她致意。

站在讲台上，她优雅而美丽，令人倾倒。

才华是上天赋予的，实现才华带来的人生价值，需要付出巨大的努力。追逐名利成功的脚步中，有人用努力奋进盖下重重的印痕，在世间留下优雅的诗篇。

微笑着，战胜你

未必人人都是傅莹第二，但在自己从事的行业，自己所在的岗位上，足够多的付出与努力，也会磨炼出一个精明能干神采奕奕的“女神”来。

满头银发，戴着半框眼镜，年逾六旬却魅力十足的她是一个蒙古族女子，既有名门世家的大气睿智，又有江南女子的温婉柔美，总在满面笑容中，以一句句柔中带刚的外交辞令，令不怀好意的对手哑口无言。

这几个特点会让人立马想到一个人——女外交官傅莹。

这位长期从事外交工作的女人除了那一头白发外，没有什么能让人将她与“老太太”这个名称产生联想的。她是中国第一位少数民族女大使。1978 年开始从事外交工作以来，在近 40 年的外交生涯中，曾任中国驻菲律宾大使、中国驻澳大利亚大使、中国驻英国大使、外交部副部长等。她还是全国人民代表大会设立新闻发言人三十多年来的第七位发言人，并且是首位女发言人。

在年轻人眼中，她学识渊博，具有真知灼见和极高的智慧，是令人敬佩的外交“女神”。

每一次，她出现在公众面前，都是那么端庄得体——职业套装、银色短发、亲和力极强的微笑——这已经成为她的“招牌”。

每一次，她出现在公众面前，都是大型的考验智慧与应变能力的场合，而她总是以她的睿智和机敏，直抵对方要害。

2016 年，慕尼黑安全会议上，西方外交官问：“中国是否已对前盟友朝鲜失去了控制？”傅莹回答：“这种用语很西方，对一个国家，失去了控制……一个主权国家，中国不是这么想的，我们不控制任何国家，我们也从来没控制过任何国家，我们也不想被控制。”

2017 年 2 月 18 日，第 53 届慕尼黑安全会议举行的“东亚安全与朝鲜半岛”论坛上，时任中国全国人大外事委员会主任委员傅莹出席。在这次会议上，傅莹用流利的英文发言，让世界看到欧美国家对中国持有的偏见和双重标准：“国防部长们和首相们都在讨论北约成员国将国防预算提高至 GDP 的 2% 是如何重要，而中国 1.5% 的军费预算却总被西方渲染为威胁……我希望大家用更加统一的标准，一视同仁地看待彼此。”

2017 年 3 月 4 日，两会期间，她以十二届全国人大五次会议新闻发言人的身份再次亮相，她一出现就成为舆论关注的焦点。所有国内媒体不约而同地报道了首场新闻发布会上的同一件事：

面对 CNN 记者关于中国军费预算增长、南海岛礁建设等问题的提问，傅莹给出了一段超长的回答。

其中有一部分是这样的——

“你说到对中国的戒心，我想在中国很多人肯定是很不理解的。看看过去这十多年，世界上发生了那么多的冲突，甚至是战争，造成了严重的大量的人员伤亡、财产的损失，那么多难民流离失所，哪个是中国造成的？中国从来没有给任何国家带来任何伤害。”

“在南海问题上，拿南海航行安全说事，我认为是误导。去年7月我到英国去访问，对这个问题议论很多，我们同行的一个法律专家专门查了一下，英国伦敦金融城的信息显示，南海没有被列为高危地区，而且没有任何数据显示有哪个国际上大的保险公司对途经南海的航船、商船增加保费，南海航行安全的担心是从何而来？”

有理有据有节，心平气和地用事实与数据讲道理，不怒自威。任何巧舌如簧，或尖锐如刺的外国记者，在她充分的事实与数据面前都无言以对。有网友评价：“谈笑间樯橹灰飞烟灭也不过如此，淡定优雅地直指要害。”“柔里带钢，笑里藏刀，太厉害了，从此以后我女神。”“看起来她总是带着柔弱的笑，但她却是世上最有力量的人。”

一个本该安享晚年的“老太太”，却成了挑剔的网友眼中的优雅“女神”。她的美貌、智慧、气度令人赞叹，令人仰慕。

而这些都来源于她孜孜不倦的学习所带来的学识、修养、眼界、阅历。

打开她的履历，我们可以看到她非同凡响的人生轨迹：北京外国语学院英语系毕业，英国肯特大学国际关系硕士研究生。1978 年，25 岁开始，她就在外交部工作，出任过中国驻罗马尼亚大使馆职员、随员；外交部翻译室随员；33 岁 -37 岁之间，任外交部翻译室三秘、二秘、副处长；37-39 岁，任外交部亚洲司副处长、一秘；39-40 岁，任联合国驻柬埔寨临时机构职员；40-44 岁，外交部亚洲司一秘、处长、参赞；44-45 岁，任驻印尼大使馆公使衔参赞；45-47 岁，任驻菲律宾特命全权大使；47-50 岁，外交部亚洲司司长；50-53 岁，任驻澳大利亚特命全权大使；53-56 岁，任驻英国特命全权大使，2009 年开始任外交部副部长。

若是以为她的人生道路是一帆风顺的，那就错了。

每个人都受到大环境的影响，她也不例外。

她的确成长在有良好教育氛围的家庭，但在青春期，她也遇到了大的坎坷。她的父亲曾官至新中国内蒙古军区宣传部副部长，在父亲的教导与家庭氛围的熏陶下，傅莹从小就热爱读书。阅读的爱好，训练了她缜密的逻辑，也培养了她独立思考的能力。可是“文化大革命”开始后，父亲蒙冤入狱，傅莹的读书时光也被打碎了。她16岁就去上山下乡，来到内蒙古一个生产建设兵团的广播站劳动。回忆起这段岁月，傅莹说：“这是一段很艰苦的经历，但并不都是不愉快的。上山下乡的锻炼使我能够吃苦、坚毅，而且做事情不计较得失，乐于奉献。”三年间，她往返于兵团各处，不辞劳苦地爬电线杆、架银幕，给战友们放映电影，与此同时还坚持自学，完成了高中各科目的学习。

1973 年，傅莹作为工农兵学员考入北京外国语学院，她的数学得了满分，被同学们戏称为“数学家”。她十分珍惜宝贵的学习机会，孜孜不倦，不懈地努力，提高专业技能。她的专业是英语，第二外语是法语，可是傅莹还嫌不够，为了适应工作的需要，她又学习了罗马尼亚语。

随着翻译工作日臻成熟，傅莹得到了更多的锻炼机会。她曾为邓小平、杨尚昆、江泽民、李鹏等党和国家领导人担任高级翻译，并参加各种国际会议、外交谈判等外事活动。由于出色的业务水平和政治素养，傅莹很快就被赋予了越来越重要的职责——也就是我们现在看到的她的不同凡响的人生。

六十多岁，满头白发，风度翩翩，睿智温婉，恰恰是她在岁月的沧桑中，一步步将自己修炼成一个外交“女神”。

每一个女人，都可以不输给岁月的“杀猪刀”。追逐属于自己的风采，需要付出很多，也会得到相应的回报。未必人人都是傅莹第二，但在自己从事的行业，自己所在的岗位上，足够的付出与努力，也会磨炼出一个精明能干、神采奕奕的“女神”来。

邋遢，污了谁的眼

邋遢，是一种可怕的状态，习惯了邋遢，不仅污了别人的眼，也染了自己的心，一旦习以为常了就很难再从中把自己拔出来。

身为女人，不求美到令人惊艳，至少也要保持清爽的外表和优雅的气质，不要让人嫌弃，让人唯恐避之不及。

《红楼梦》里贾宝玉对结婚前后的女人有极为经典的评论："女儿是水做的骨肉，男人是泥做的骨肉。我见了女儿，便觉清爽；见了男子，便觉得浊臭逼人。""女孩儿未出嫁，是颗无价之宝珠；出了嫁，不知怎么就变出许多的不好的毛病来，虽是颗珠子，却没有光彩宝色，是颗死珠了；再老了，更变的不是珠子，竟是鱼眼睛了。"他又感叹："奇怪，奇怪，怎么这些人只一嫁了汉子，染了男人的气味，就这样混账起来，比男人更可杀了！"

贾宝玉此番评论可谓深知女人心。他对结婚后的女人不但不欣赏，甚至到了憎恶的地步。贾宝玉为什么讨厌结了婚的女人？原因有这么几点：

一、女人若是嫁给达官贵人，大多以为高枕无忧，找到了一张长期饭票，从此再也不思进取。结婚前还琴棋书画样样精通的女子，婚后便再也无心问津。要么和一群妇人说长道短，要么和一群“麻友”隔三岔五地切磋，以打发百无聊赖的少奶奶生活。

二、女人若是嫁了寻常百姓，大多围着老公、孩子、锅台转。买菜做饭洗衣拖地，整天为一日三餐忙忙碌碌，有的还要照顾公婆，根本没有时间留给自己。天长日久，很容易就失去了少女时期的窈窕身姿，伶俐面目，当然也让男人觉得索然无味。

三、结婚后的女人与男人朝夕相处，起初的爱与敬都消磨殆尽，生活让女人越发现实，只希望自己的男人事业飞黄腾达，这样，自己也能跟着夫荣妻贵，于是急不可耐地整天唠叨自己的丈夫，要热衷仕途，要巴结权贵，要努力奋进，那谁谁谁多能赚钱……而不会去体谅男人的内心。一个在男人看来从里到外都面目可憎的女人，又怎会让男人继续心生怜爱？

四、若是嫁了富商大贾，虽锦衣玉帛，衣食无忧，但要忍受独守空房的寂寞。古代通讯不便，距离产生美，也产生隔阂，各自有新欢，也不是不可能的。

五、古代的男人可以有三妻四妾，钩心斗角是妻妾成群的家庭难免的自我防范，画个圈圈诅咒人都是小事，杀人害命也不是没有发生过。这样大染缸里的女人还怎么找回当初的清纯可爱？

幸好，现代社会与古代相比，有了很大的改变，女人地位不断提高，不必依赖男人过日子，甚至毫不逊色于男人。于是，有了眼界、格局的精致女人，即便是婚后，对自己的要求也不低，由内而外地展现出自自己的才华、美丽、能干，气质优雅。

但，并非所有女人都这样悦人耳目，总还有一些女人堪称“邋遢”。

男生宿舍尚且会因为邋遢让人诟病，而在传统观念下，男生懒怠家务似乎能稍被原谅，但女生如果也邋遢，甚至比男生更甚，就很难得到原谅。有时，会被人指责：“女孩子这么懒，这么脏，这么馋（不知道馋不馋，但馋常与懒混搭，所以懒人多半也被认为是馋的），以后怎么嫁人？”

有的女生会振振有词：“我邋遢我愿意，碍着谁了？也没见你给过我一文钱，养过我一天！你管我邋遢不邋遢！”

听起来貌似还有理了，怼得人无言以对，但中国古代有“一屋不扫何以扫天下”之说，在垃圾堆里生活，无论如何也培养不出优雅的气质。

若说某些女大学生是由于没成家，没有养成做家务的勤劳习惯，所以照顾不好自己，搞不好环境卫生，也勉强算是一个不合理的理由——再没劳动习惯，至少从小学到中学，都有轮流做过值日生吧——那么，有了家庭的女人也没有做家务的习惯，让家庭环境邋遢到惨不忍睹，就更加说不过去了。

早些年，曾经到一个朋友家拜访，朋友不在，她的孩子接待了我们，走进她家，吓了一大跳，简直是不忍直视——根本就没有落脚之地！全家的脏衣服、脏袜子扔了满地。是的，满地！不知道积累了多久没有洗。要不是怕冒犯了别人的隐私，真想一件件收拾起来，帮她放到卫生间洗衣盆里去。

这是有多年家庭生活的女人能够“邋遢”的极致吧！朋友其实收入蛮高，工作也没有忙到那份上。维持家庭基本的卫生，是有了孩子之后，为人父母应该有的责任感。我不知道，这样的家庭环境对孩子的成长会有什么样的影响。

我住的小区每天都有一些中老年妇女在散步，有的虽然白发苍苍，衣着朴素，但总是把自己收拾得干干净净；有的中年女人比较在意自己身材样貌，不仅妆容整洁，而且散步时往往还采取急速行走，以达到运动健身的效果。但也有一些奇葩。每天，我都会看到一个 40 来岁的女人，穿着道袍似的灰黑色睡裙（从没换过），左手两根指头朝外夹着香烟，三个指头朝里捏住手机，右手在手机屏幕上点点戳戳，迅速滑动。她脸色发黄，黑眼圈严重，听到汽车喇叭声，或者电动车铃声，才会以与玩手机完全不符的那种迟钝抬起眼皮，木然地看一眼，有时不得不避开一步，又低头继续玩手机。这神情让我想起祥林嫂的眼珠子“间或一轮”，但祥林嫂是穷困潦倒、贫病交加的不得已，而不是选择当低头族的心甘情愿。这女人的脚前必然奔跑着一条狗——原来，她并不是为自己下楼来运动，而只是来遛狗的。

那狗也够“活泼”，喜欢扑人，有一次朝我扑来，我惊叫一声避开，她听见了，抬起头，说:“这有什么好怕的，我的狗又不咬人！”遇到这种人，还能说什么？

我以为她家庭经济条件不好，所以这样邋遢，有一次听说她家其实收入不错，她有工作，也亲眼看到她有好车开，不禁惊诧——为什么要把自己弄成这副邋遢相？

邋遢，是一种可怕的状态，习惯了邋遢，不仅污了别人的眼，也染了自己的心，一旦习以为常了就很难再从中把自己拔出来。

身为女人，不求美到令人惊艳，至少也要保持清爽的外表，不要让路人嫌弃，让人唯恐避之不及。

将悲伤留给光阴，你已穿越而过

她的优雅不仅源于她与生俱来的美丽，更在于她的悲悯情怀，她的博大爱心，当爱情无可挽回，她将悲伤留给光阴，穿越而过，给世人留下最善最美的身影。

茫茫大千世界，有很多悲伤的故事，托尔斯泰说幸福的家庭都是相似的，不幸的家庭各有各的不幸。这一点，王室贵族与邻家小妹并无区别，不过，王室因其地位特殊而引来万众瞩目。

最为著名的是“英国玫瑰”戴安娜王妃，她与查尔斯王子的婚姻，令年轻单纯未尝经过爱情的她以为自己嫁给了幸福，哪知经过令人眩晕的短暂幸福时光后就盛满了一池子的悲伤眼泪。蜜月里，她就发现新婚丈夫的旧情人卡米拉依然和他藕断丝连，他的日记本里夹着卡米拉的两张照片；他出席招待埃及总统和夫人的晚宴上，戴着卡米拉送的表示两个人纠缠不休的双“C”字母袖扣。后来，戴安娜怀孕了，英国举国欢庆，可是，她的丈夫一点儿不怜惜妻子，天天和朋友出去打球、游泳、骑马，对妻子不闻不问。

戴妃为了引起丈夫的注意，留住丈夫的脚步，甚至从阶梯上跳下来，可是，她的丈夫依然转身离去，第一个到场看她的是她的婆婆伊丽莎白二世女王，她彻底被儿媳这疯狂的行为震惊了。他们的第一个孩子——威廉王子的出生一定程度上缓解了夫妻关系，但这没有持续多久。第二个孩子——哈里王子出生时，因为和查尔斯王子打球的时间相冲突，查尔斯王子非常不喜欢这个孩子，甚至不愿意看一眼哈里王子。是查尔斯王子，背叛了与戴安娜王妃的婚姻。从此，他俩各玩各的，后来首相梅杰代表皇室宣布戴妃和查尔斯王子婚姻出现了危机，两人正式分居！之后，戴安娜和查尔斯王子不断地在媒体面前互相诋毁、抹黑对方，严重损害了皇家颜面，同时，戴妃与女王夫妇的关系也变得紧张起来。1996 年，戴妃和查尔斯王子离婚。

当戴妃明白无论自己怎么努力，丈夫都回不到自己身边时，她变得坚强起来，从小就心地善良的她将对丈夫的爱转移到慈善事业，转移到对贫困儿童、对艾滋病患者、对世界各战乱区可怜的伤残平民中去。

在艾滋病房里，她对艾滋病人热情的一抱，感动了病人，感动了同行的时任美国总统布什的夫人——芭芭拉・布什，也感动了世界。

她把爱给了所有的病患者：麻风病人、吸毒者、无家可归者、受性虐待儿童等，她的脚步遍布世界各地，访问战乱和灾难中的人们,访问慈善医院、学校、机构,进行筹款活动,改善当地人民的生活,早在 1987 年，她就将所拍卖的 79 件服装所得 350 万英镑全部捐给慈善事业，在慈善世界，戴妃是几乎可以与特蕾莎修女并驾齐名的“天使”。她资助筹建了 20 多个慈善基金会，出访过北非、印度、安哥拉、巴基斯坦等贫困地区，被联合国授予人道主义奖。她的公益善举，颠覆并且拯救了英国王室高高在上的冰冷形象，被英国首相布莱尔盛赞为“人民的王妃”。

她的优雅不仅源于她与生俱来的美丽，更在于她的悲悯情怀，她的博大爱心，当爱情无可挽回，她将悲伤留给光阴，穿越而过，给世人留下最善最美的身影。

令人遗憾的是，这个有着“天使”一样慈悲心肠的女人，在 36 岁时不幸死于车祸。

然而，她优雅而高贵的形象却镌刻在了人们心上，永远被人怀念。

另一位同样以美貌著称的悲情王妃——伊朗索拉娅前王妃则没能摆脱与国王离婚的悲伤，没能投入到伟大的慈善事业中，而渐渐被人遗忘。

索拉娅王妃 18 岁时嫁给了当时的伊朗国王巴列维，国王对她爱到了极致，带她骑马、开车、开飞机……准备结婚前，她病倒了，国王每天来看她，每次都带一件极其贵重的首饰放在她的枕头上。

结婚七年，她没能生下一男半女，国王决定让她到欧洲去，另娶一个王后代替她。国王给她大量的财产作为补偿，并每月支付 7000 美元的生活费，她靠着这些钱过着奢侈豪华的生活，成为欧洲的名媛，到欧美各地旅游。

然而，当年结婚时的快乐已经远离，再也回不来。她的眼中，始终游离着悲哀，弥漫着忧郁。没有走出悲伤的她后来的人生也很凄凉。

意大利著名导演以她的故事为底本拍了一部影片《一个女人的三张面孔》，这部影片叙述了一个伊朗王后的宫中生活，王后虽然爱自己的丈夫，但对王室的生活难以忍受。然而，影片一出就受到伊朗政府的封杀，巴列维国王买走所有的拷贝并将其毁掉。

再往后，索拉娅与意大利导演弗朗科・安多维纳相爱。可惜这段新生活只持续了五年。一天夜里，她突然被电话铃声惊醒，有人告诉她安多维纳驾驶的私人飞机出了事，索拉娅又一次遭受沉重的打击。

国王再娶，新王后很争气，生了四个孩子，可惜，生的儿子没有继位的命，伊朗 1979 年闹革命，国王先是流亡到美国，后又到埃及，不久去世。国王去世，索拉娅失去了生活来源，靠变卖珠宝过日子。

到了晚年，她的精神有些错乱，经常害怕有人会暗杀她，房子四周围起了铁栅栏。她也不愿外出参加社交活动，只是希望老朋友到家里来看她。后来，她的母亲也离开了人世，索拉娅更加孤独。2001 年 10 月 25 日，69 岁的索拉娅病亡在巴黎寓所。她去世后，留下大量的财产，她弟弟是唯一的继承人，可是，她的弟弟到巴黎参加葬礼时，突发心脏病去世，所有财产都归了司机。

如果她知道七年的万千宠爱，要用后半生四十多年的空虚寂寥来偿还，她是否还会愿意选择这样的人生道路？

抵挡不住悲伤，难以寻找到自己的人生价值，纵有王妃的富贵，也已被忧伤戳得千疮百孔，被凄凉掩盖得严严实实，人生是如此难以预料。

遇悲伤事，必须穿越而出，寻找方向，实现自己的价值，方能重拾快乐人生，继续优雅之路。

做懂得寄情的女子

寄情山水艺术，能让女人度过最伤感的日子，能让女人在不断磨炼中精进。优雅的涵养渗透到内心，又由内而外地发散出来，一天天雕塑着她的外形，使她气质高雅迷人。

夕夕擅长书法绘画，各种字体都掌握得相当好，各种绘画技法也都很娴熟，她的优雅是从骨子里透出来的。

美丽的她随便往哪儿一站，都是一幅充满古典韵味的仕女图。她或站或坐，一举一动，一笑一颦，无处不散发着文艺气息。

在最美的年华，她遇见最帅的男生，对她甚是体贴。

她是将爱情当作人生支柱的女子，在最美的爱情故事里陶醉了。她以为这美好的爱情，是人生的全部。

大学毕业后，男生找了一个好工作，收入颇丰，然而，一年三百六十五天，天天都是工作日。

在她，爱情是生命；在他，工作是一切。她开始有怨言。他甚至没有时间哄她开心，他给她信用卡，告诉她：想买什么随便刷卡。

可是，她想要的不是信用卡。终于有一天，在孤独寂寞中徘徊了许久的她将信用卡还给他，并离开了他。他不解，他痛苦：我这不都是为你吗？努力工作努力赚钱难道有错？

她决绝而去，不再回头。她不想自己的爱情与人生被金钱俘虏。

她沉浸在书画世界里，一幅又一幅的字，一张又一张的画，陪伴她度过那些孤独的日子。当书房快要被她的字画淹没时，另一个男人出现在她的世界里。也是极为出色的男人，有着令多数女人一见钟情的英俊帅气，还有折服更多女人的魅力——成熟多金。

她被他的帅气迷住了，他满足了她对浪漫的所有幻想。她觉得这才是爱情，于是，嫁了。

他对她很好很好，她家人住院，他二话不说，立马掏钱，用最好的药，上最好的器械。

她也对他好，原本想“丁克”的她，为他生下一个聪明可爱的孩子。

清秀的容颜、窈窕的身姿加上艺术家的优雅，她在哪里都是众多目光的聚焦点。

这么美的她，竟也遭遇“小三”，老公被“小三”勾走。情，渐走渐远，她选择淡然。

曾经的金童玉女忽然离散，令熟悉他们的人唏嘘不已。

她带着孩子离开了生活多年的别墅，购房另住。

为了不让年幼的孩子受一点点委屈，她每日奔走于家、单位、幼儿园、超市、兴趣班之间，时间排得满满的。即便如此，她依然没有放弃自己心之所爱，一有空就拿起毛笔写写画画。

然而，没有男人的日子总有诸多不便，后来，她有了新的值得依靠的丈夫，幸福的微笑又绽放在她的脸上。

她是真心爱艺术的。她常去博物馆观展，古今中外的艺术作品，只要一展出，她就会第一时间去观赏，书画院若有书画展，只要她知道，必定会抽空去参观，闲暇时，还会约同伴一起去拜访工艺美术大师。各种艺术品的特点，她都能说上一二，她还喜欢陶瓷，喜欢欣赏陶瓷之美，并能自己烧制小陶器，自娱自乐。

她不仅寄情书画艺术品，也喜欢寄情山水，常与丈夫带着孩子一起去畅游天下。每次归来，总有很多收获，被世界风景撑大的胸怀，再也不会因为生活中的坎坷而忧伤。

孩子在她的熏陶下，也成了心灵手巧的小姑娘，会烹饪美食，会做非常精致的手工，还是一个超级大学霸。

她还爱运动，总有固定时间与朋友、与家人一起去打球健身。

在她看来，虽然最美的年华已逝，但收获了幸福的家庭和健康的身体，这是多少物质都换不来的。

无论贫穷富贵，无论艰辛幸福，她都不忘与她的书画结伴而行。寄情山水艺术，能让女人度过最伤感的日子，能让女人在不断磨炼中精进。优雅的涵养随着字画渗透到内心，又由内而外地发散出来，雕塑着她的外形。让她在四五十岁时，仍是气质高雅迷人。

其实，每个女人都有自己寄情的事物。不能说爱打麻将，爱奢侈品，爱用美颜相机自拍后发朋友圈就不属于寄情。

然而，寄情有高低，选择低俗的方式，会降低自己的品位，时间久了，会变得粗俗不堪。自欺的美颜自拍，只能暂时欺骗自己，连欺人都难以达到，更不会因为图中那个貌美如花的女子而变得气质真正的优雅。时间是把杀猪刀，不爱学习，不进步，就不可能永远是美颜相机中的那个美女，反而会因看多红尘俗世的灯红酒绿、风云变幻，心，被磨砺得粗糙。气质的熏陶是在不知不觉中进行的，等到发现已经变成自己曾经鄙夷的那种人时，如何去寻回往日，推翻重来？更可怕的是永远看不到自己已经沉沦为庸俗不堪的妇人。

聪明的女人会做出聪明的选择。

可是，做出选择不难，难的是区别出是真心热爱，还是仅仅附庸风雅。附庸风雅易，真心热爱难。

附庸风雅，与真心热爱非常相似，也可以四处观展，也可以欣赏艺术，但挤在一群懂门道的人中看热闹，所见非所想，所闻非所思，并不能通过眼睛进入更深层次的内心和思想空间，徒然留下我走过、我看过、我高雅的朋友圈记录，实质则如过眼云烟，飘然而过，出门即忘；附庸风雅，更喜追随名人的踪迹，以与名人合影为荣，可悲的是，自己拿出来炫耀的东西，名人根本就无所谓，亦不知你是谁，因为攀附他的人实在太多，他这一生也不知被要求与多少人合过影。附庸风雅，容易陷入一种误区：将浅薄当深沉，把平俗当高雅。殊不知，仅是接触一些人人皆知的东西，以为这就是有文化，这就能让自己优雅，是一种不愿付出努力，仅仅浅尝辄止的惰性与自大。

只有花费时间和精力，将自己沉入其中，方能习得门道。当走进这一扇门，才能发现一个崭新的天地，里面花团锦簇，精彩夺目，芳香四溢，长期得到熏染，然后才能优雅。

做优雅之人，未必需要大富大贵，用奢侈品包装自己，也未必需要每天花费大量时间海淘、网购衣服、化妆品、美容保健品，将自己装扮成一朵花。但得心之所好，以高雅的艺术熏陶自己；不怕苦累，持之以恒锻炼自己，每天在投入地工作中度过，在欣赏创造美好事物中度过，在汗流浃背的运动中度过……知性而优雅的气质其实是充实而快乐生活的赠品，是不求自来的美好。

别做“刺猬”

一个认为自己一切都对，喜欢造谣污蔑，喜欢谩骂诽谤，喜欢攻击挖苦，喜欢党同伐异的女人面目狰狞，毫不可爱，更与优雅无缘。

对于每个信息来源有限的家长来说，加入各种教育群，是了解同年龄同学习阶段其他孩子的学习状态，获得学习资源的有效途径。

一年前，孩子准备参加中考。不知是机缘巧合还是其他原因，原先毫无信息来源的我得到铺天盖地的信息。

那些日子，每天都能接到很多个培训机构邀请带孩子去听课、做检测、领辅导资料的电话。我摒弃了一些非常明显的只想赚钱的机构，但也不可免俗地选择了去听另一些机构花大价钱租大场地，聘请名师召开的公益讲座——虽然知道“羊毛出在羊身上”“天下没有免费的午餐”。听过之后，对于一些名师的感觉不过尔尔，而一些有真才实学的则确实令人钦佩。然后，根据孩子的薄弱科目，选择相应的名师开的培训课。

我认为听公益讲座，选择合适的机构、合适的老师来帮孩子补习，是这个阶段“非学霸”家长应尽的义务和责任。不少家长跟我一样，很愿意抓住机会去听名师的讲座，但并非所有的家长都愿意为孩子付出这些时间。

一次，在一家培训机构的QQ群里，听说这家特别舍得“烧钱”的机构租下全市最大的会场，邀请阵容最强的顶级名师来开讲座。于是我大老远赶去听，感觉特别有收获。

这个QQ群里有几个“学霸”的妈妈原先觉得自己孩子学习已经足够好，并不屑去听什么专家讲座，但到了晚上，见大家说白天听的讲座很有收获，又觉得自己吃亏了，便以自己没空去听为由，向群主索要讲座的那些名师们的PPT。

群主是这家培训机构的数学老师，很忙，没有及时回复。那几位妈妈催了几次后，有些不耐烦了，开始骂骂咧咧，说该培训机构是骗子。

大家都为群主抱不平：机构本来也是要赚钱的，砸大钱举办这么好的公益讲座，打广告做宣传也是合理的，那么大的会场愿意来的都可以来，自己不舍得花时间来，反而还要骂人，实在没道理。

群主上线后，并没有恼怒，而是解释：自己很忙，每天课排得很满，不能时刻在线，有的名师讲座的PPT可以拿到，等他有空的时候发到群里；有的名师不愿意给，他也不能强要。

那几位妈妈并不听解释，一个劲儿地要，直至半夜，骂了几句狠话后，退群了。然后，她们到市里其他的中考群、教育教学群里不断地谩骂这家培训机构。

不久，第二次市质检开考，考前，据说有人接到兜售考题的电话，这消息在某些中考群里一说，家长们顿时炸锅了。怪天怪地怪教育局怪社会不公。问谁买考题了？大家又都不承认。

那些没拿到讲座 PPT 的妈妈们充分发挥联想与想象，她们到各个群里宣扬就是这家培训机构偷考卷、卖考卷、泄露考题。污蔑者还搭上一所全市数一数二的私立初中，说是该私立初中把试卷卖给这家培训机构。大家表示不能理解：最好的私立学校，有必要去卖试卷吗？目的何在？把试卷卖给外人，难道是为了自己学生考得比别人差？毫无逻辑的谣言居然让全市多数学生和家长都相信了。最后震惊了教育局，查下来，该私立初中是冤枉的，该培训机构出了一纸律师声明，斥责造谣者要负法律责任。

这件事慢慢平息下来，但梁子却结下了。以后，不论谁在哪个教育群里提起这家培训机构，都会被这几个妈妈骂“骗子”；谁要说送自己孩子去这家培训机构，就会被骂“傻”，说那么差，不能去；谁要是无意中说这家培训机构好，更是不得了了，几个妈妈一定群起而攻之……常有一些不明所以的家长感觉莫名其妙。

或许，咄咄逼人是某些女人的秉性，不只体现在一件事情上。在某个中考大群里，这几个妈妈后来的表现证明了她们一贯咄咄逼人的气势。其中有一位妈妈在每一件事上都要争个输赢，语气很是不友好，终于有一位爸爸，忍不住斥责她是“刺猬”。不知是否刺激到她，她改了网名在群里潜伏。只是江山易改，本性难移，她偶尔还是会按捺不住冒出“水面”，对人冷嘲热讽，挖苦打击。

也许，做这一切，她觉得无所谓，因为她的丈夫、孩子和亲友不会看到，也没有几个人知道她的真实身份。又或者她个性强硬到在孩子面前也会这样怼天怼地怼所有人。

这几个“刺猬”妈妈中的一个后来与我同在一个高中群里，每天在群里兜售她自己做的烘焙食品，代销各种水果，在群里出租她家的单间，皆因价格高昂而无人问津。她依然惦记着那所培训机构，但凡听到有人提起，就忍不住要发出一番攻击:“骗子”“漏题”……

有一次，有一个妈妈在群里说自己小区里有一个英国外教，曾经在本市大学和中学教了二十多年的英语，现在到了退休年龄，因为喜欢中国，想再找一所学校教授英语，问有没有家长有这方面渠道。

那个“刺猬”妈妈马上跳出来，第一句话是：“你叫他到非洲去做义工，别整天就想着在中国赚钱，中国人傻钱多是不是，钱特别好赚是不是？”

那个发布信息的妈妈有些懵，犹豫了一会儿说：“我看到他的朋友圈里显示，他每年都有好几个月在非洲做义工，将许多人的捐款带到非洲去，买药品给那里孩子治病，还教那些非洲孩子读书。”

“那叫他在非洲不要回来。”

“选择在哪里生活，选择什么样的生活方式，是每个人的权利。”那个发布广告的妈妈回答。

“刺猬”妈妈不说话了。

好些家长没有明确反对“刺猬”妈妈的言论，但纷纷表示：这样的信息很有价值，自己孩子需要英语口语外教，问外教能不能自己办班授课，家长们自己组班。这是对发布这条信息的妈妈的极大鼓励和支持。

人人心里有杆秤，有自己辨别是非的能力，对于咄咄逼人的人不予理睬，或支持另一方，对她已是最大的蔑视。只是，“刺猬”般的女人能听懂画外音吗？

生活在自己的世界里，对一切事物不做理性分析，嬉笑怒骂，随心所欲，不管别人能不能接受，抛出为快，这是情商低的表现。有些人不讲话，并不表示赞成她们的所作所为，只是冷眼旁观，不爱搭理，内心是鄙夷厌弃的；有些人听不下去，直接反唇相讥，在众目睽睽之下，也是很丢面子。

不管是在生活中，面对熟悉的人，还是在网络上，面对陌生人，真诚和善，始终是待人的根本。一个认为自己一切都对，喜欢造谣污蔑，喜欢谩骂诽谤，喜欢攻击挖苦，喜欢党同伐异的女人难免面目狰狞，毫不可爱，更与优雅无缘。

在有人认识的场合做个温柔娴雅的女人不难，难的是在陌生人多的地方，是否还能保持优雅的风度与完美的形象？古人云“慎独”！便是告诫所有人，在没有人能监督能管控到的地方也要做好自己的本分，不能为所欲为，甚至胡作非为。以为不为人知，其实早已恶名远扬。

被人骂一声“刺猬”，感觉如何？

优雅的女人绝不该是“刺猬”！

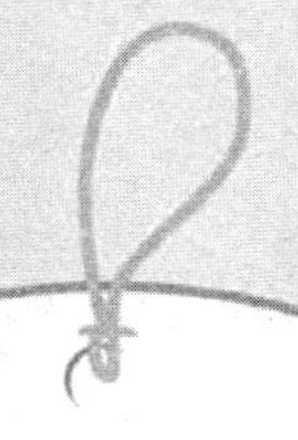

第二辑 / 优雅是由内而外的展现

唯有感恩，唯有尽孝，唯有“滴水之恩当涌泉相报”，这才是为人子女的正道，才能得到相应的福报，优雅、风度以及美好的一切才能随之而来。

简单，是一种智慧的超脱

缘分如名利，有人能看淡，有人则心心念念，纠缠不休，一旦思想如堵塞的下水道，不通了，污秽之物就会不断上涌，进入大脑，结果便是走极端，制造意外伤害事件，害人害己。

有一天，打开微信朋友圈，看到一位朋友转发的一段话：

不要羡慕别人的成功，那是牺牲了安逸换来的；不要羡慕别人的才华，那是私底下的努力换来的；不要羡慕别人的简单，那是对欺骗的豁达换来的；不要羡慕别人的成熟，那是经历与沧桑换来的。可以欣赏，不要羡慕，因为那都是别人应该得到的。

我不知道原作者是谁，但看到这段充满智慧的文字，感受到好文字有瞬间打动人心的强大力量！

简单而快乐的人生，是一种天赐的幸福。

过去，人们总是觉得“头脑简单”是一个贬义词，是不会察言观色，不懂投人所好，不会拍马钻营的代名词。现在，“简单”已成为令人们羡慕的一种处事方式。

人生道路上有很多复杂的经历，大大小小的事件常令人烦恼。有时候，我们可能因为别人的一句话，往心里去了，生气好几天；有时候，我们可能因为购房买车这样的大事发愁，筹划着怎样才能让生活过得不那么拮据；有时候，又在考虑生不生“二胎”的问题……

如果是生活琐碎事情的烦恼，逛逛街，散散心，看看电影，休闲放松一下，或许就能渐渐淡忘；如果是金钱问题产生的烦恼，量入为出，就能解决。很多烦恼是短时间的，很快就能解决，或者消失在时光中。但也有一些烦恼是折磨人的，比如情感方面的郁闷。

每天，媒体都会报道一些因感情纠葛而发生的恶性伤人事件。看到那些惨绝人寰、灭绝人性的恶性事件，心痛之余，总是难以理解：为什么要将人生过得那么复杂灰暗痛苦？简单点儿不好吗？

有这么一则情感悲剧，某女遇到中学时暗恋的男生小陈，虽然两人都有了自己的家庭，但是，意外重逢让他们如“干柴烈火”，一点即燃，马上发展为情人关系，后来他们各自离婚，住在一起。三年之后，小陈提出分手。某女难以接受，她想：如果他病了，我在他身边照顾他，他就能留下来。于是，她想方设法给他“造病”：她买了若干温度计，收集了一些水银，然后，在小陈的咖啡里下了安眠药，等小陈睡着之后，她往他大腿大动脉里注射了5毫升的水银。

这些水银在小陈身体内游走，造成他严重的汞中毒，肺、肝、肾功能受损，面临长期驱汞治疗，经鉴定为重伤二级。小陈的健康状况极其凶险，“不进行肺移植必死无疑”，据称，其他部位也需要器官移植，这病治疗起来费用是无底洞。目前，该女已被判处有期徒刑6年，民事赔偿77万元。然而，无论多少钱，都换不回小陈的健康。该女子被网友列为变态到令人发指的女人。

“交友须谨慎！”是很多人的感慨。

可是，在甜蜜爱情中，卿卿我我，你侬我侬之时，如果有人说对方人品不好，怕是会被乱棍打出，若是长辈，就会被骂“棒打鸳鸯”，哪怕是自己至亲的建议，也难以被接受。

然而，过几年，又有多少人哭着，后悔着，当初不听长辈的话造成后来的悲惨生活？

缘来之时，便相爱；缘散之日，便分手。这话说来简单，做起来难。缘分如名利，有人能看淡，有人则心心念念，纠缠不休，一旦思想如堵塞的下水道，不通了，污秽之物就会不断上涌，进入大脑，结果便是走极端，制造伤害事件，害人害己。

简单生活，看似简单，其实是极不容易做到的。将生活过得简单，一种是心无杂念的单纯人，另一种是经历复杂之后的返璞归真。

我们都知道当今快递行业，顺丰是老大。如马云那样的大牛，谈起他最佩服的人，也曾说最佩服的人是能管理七万基层员工的“顺丰”老板王卫。

我们在媒体上极少看到王卫如其他行业的大富豪那样，时不时站出来高谈阔论，引发争议。他低调地做着自己的事业，但当他的员工——某位快递小哥不小心剐蹭了一辆轿车，被车主扇了几个耳光后，王卫在朋友圈发文称：“如果这事不追究到底，我不再配做顺丰总裁！”

2017 年 2 月 23 日，顺丰在深圳证券交易所上市，王卫携那位快递小哥去敲钟。按照当日收盘价市值计算，顺丰创始人王卫身价超过 1490 亿元，而他那一身简朴的快递工作服 + 牛仔裤 + 运动鞋，惊住了大众。即便在这种大的场合，他也对媒体表示：首先要提醒自己，符合证监会要求，话不能随便说，地方不能随便去，大家也不要随便问。他同时提醒顺丰的员工“大家少说话，多做事”。

敲钟前，有员工在微博中爆料称，王卫用个人资金为顺丰四十万员工每个人都发了一个红包，最低 1888 元，最高 15552 元，粗略计算总金额约 10 亿元。一名顺丰员工在微博上骄傲地写道:“我们就是别人家的公司。”

从马云赞叹的拥有 7 万员工到现在的 40 万员工，顺丰越做越好，越做越强大，而王卫依然低调，依然简单——将如此大型的企业管理成行业老大，王卫绝不简单，所以，这是一种高智商、高情商的简单，是不想参与各种嘴炮争斗，不想炫富晒财的简单，是只想把企业做得更好，让员工收入更高、生活更富裕，让社会更进步的简单。

王卫在简单中展现的傲人风范，你服不服？

温柔地说话吧

来自亲人的每一句刻薄狠毒的话都会如利刃般插入人的心口，伤人至深，难以愈合。如果这种难听的话说多了，那就是无数把刀插在人心上。失血的心脏还怎能濡养身心，让血流畅通，脸色红润，笑容可掬？

常在别人的人生百味里看到他们的祖父母、父母辈的爱情——走过平淡流年也经历过轰轰烈烈，争吵不断却又相伴一生，以为他们没有爱情，他们却又表现出对彼此的依恋，难以割舍……

的确，“与子偕老”的爱情令人向往，但不是所有平淡流年的爱情都能白头偕老，更多的是从最初的相互吸引到互相攻击，最后止步于争吵不休；也有一些伴侣虽然相伴一生，但是并不和谐，只是因为习惯有彼此，或者因为害怕离婚，或者因为周围人的眼光。这种相伴一生并不是值得羡慕、值得学习的所谓“爱情”。

一家人永远和睦相处是不容易的，如果彼此间说话开始出现攻击，并演变成一种习惯，那么戾气就会越来越盛，攻击性越来越强。

说话越来越尖酸刻薄，就如同把刀放在磨刀石上磨，粗糙的磨刀石不会被磨平变得光滑，而刀刃则会越来越锋利。快刀伤人，杀伤力是极大的。

当初，喻可欣要将自己与刘德华的恋情写成书公之于世时，刘德华只隔空给她一句充满禅意的话：“一念天堂，一念地狱。”

对于我们身边的亲人来说，则是：一语天堂，一语地狱。

都是生活琐事，对身边的亲人，我们就常常用语暴戾，远不如对外人来得客气。

老林夫妇共同生活了将近五十年，他们一半以上的岁月都是在争吵中度过。讲话难听的习惯养成了，年纪大了也改不过来。每天，老林妻子都是很早起床，为一家人做早饭，冬天的某一天早上，天还没亮，她不小心掉了一样东西到楼下，便下去捡，老林起床把灯全都灭了，黑灯瞎火的，她摸黑上来。老林“机关枪”发射：“一大早不做饭，跑哪里玩去？跟谁约会啊？人都不在家了，灯还开着，这么浪费！”妻子非常气愤他的无中生有，骂道：“你疯了，无中生有，吃饱撑的你！”热战开始。吵到最后，两个人都累了，互相恨恨地瞪一眼，不说话，热战结束，冷战又拉开了序幕。

这种冷战隔三岔五发生一次，每次至少持续一周时间。妻子跟女儿诉苦：“他都这么老了，怎么还不会说话啊？太伤人心了！”

女儿有时候会去劝父亲，但是并不奏效，老父亲注意一下，可很快就忘记了，下一次讲话继续刻薄，妻子回应也不好听。恶性循环，谁也不能在对方的说话中得到温暖和安慰。女儿很失望，也很无奈。

小时候看着父母争执，我们以为自己长大了会过上与父母不一样的生活，其实不然。

女儿小林回到家中，她也并不比父母亲——老林夫妇高明多少。

一次，她出门时想自己马上就回来，所以没带钥匙，也没带手机。回家按门铃，却不见老公来开门，她就使劲按，一再按，可是一直没人开门，她又使劲拍门，还是没人开门。她火气上来了：刚才不是在家吗？怎么就不开门？干什么去了？

其实，这么大动静，还没人开门，基本就是无人在家。

她无奈，只好敲对门邻居家的门，想问他们借个电话打。结果，接过人家的手机却想不起来老公的电话号码，磨蹭了一阵子，只好再跑到母亲家拿备用钥匙。

等她回来时，发现老公已经在家里。

想到自己白跑一趟，她就气不打一处来。于是“端起机枪”，哒哒哒，一通射击：“你跑哪里去？为什么我一直敲门你都不开门？明明知道我出去没带手机钥匙，你还……”老公解释：“楼上漏水，你也是知道的。我上去看看，跟他们商量一下怎么修，马上就下来了。”她依然生气，依然责骂不休，老公一开始还道歉，后来也火了，跟她对骂。这下闹翻了，好几天两个人都不讲话。孩子放学回家，没注意父母亲横眉竖眼，一句话不小心，就遭来全家“混战”。

这个乱哟！

来自亲人的每一句狠毒的话都如利刃插入心口，伤人至深，难以愈合。如果这样难听的话说多了，那就是无数把刀子插在心上。失血的心脏还怎能濡养身心，让血脉贯通，脸色红润，笑容可掬？

冷战后，小林反省自己：压一压火，冷静一下，等事情过去了再说话，或许就不会吵起来了。

三八节那天，小林下班回家赶着做饭，平时都是她做饭，老公“断后”——洗碗。这天，她回家发现早饭的碗全都泡在高压锅里没洗。不由得一下子火冒三丈，准备打电话骂几句。但是另一个声音对她说：忍一忍，或者他有不得已的苦衷。她动手把碗洗了，开始准备午餐，这时她看到老公在QQ上给她留言：今天走得急没洗碗，抱歉！中午早点回来洗。女神节快乐！

她还是不消气，回复：中午回来，我还等你回来洗碗再做饭？你打算下午上班迟到吗？快乐，有什么好快乐的？嫁给对的人，天天都是女神节，嫁给错的人，天天都是劳动节。空口说快乐有什么意义？人家对老婆多好，送这送那，你就会说废话……

字打好了，但没有立即发出去。她知道这几句话发出去，必定又要爆发战争，忍了一下，删了，改为：不急，碗我已经洗完了。

中午，老公回来，满脸歉意："昨晚帮我妈修理水池，累了，早晨睡迟了，上班来不及，所以没洗碗。"

小林说："没关系，晚上好好休息。"

眼见着就要爆发的战争，烟消云散了。过了一会儿，孩子放学回家，他们度过了一个和睦的午餐时间。

忍一时之气，风平浪静。

身心健康，很重要的一点是精神愉快，给对方一个温柔的语气，给自己一个舒心的生活。

对孩子，我们送给他最好的礼物是：给他们走入正常家庭生活所必需的耐心、爱心、勇气和担当。

当孩子看到父母关系是和睦的，讲话是温和的，不具攻击性的，他会觉得这样的家庭氛围是他乐意接受的，在这样家庭里，他不会感到害怕，不会自卑，不用谨小慎微察言观色，将来，养成良好习惯的他也会理所当然地这么做。

每一个性格随和性情温良的孩子背后都有一对恩爱和睦、懂教育负责任的父母。

小王的妈妈发现小王最近跟家人讲话态度比过去好多了。

以前，小王爸爸妈妈一对小王提要求，小王就暴跳，责怪他们不近人情，要求太多，话语甚是尖刻。最近，面对父母的要求，小王总是回答：“嗯，我知道了。”

小王妈妈回顾一下自己，他们夫妻俩大约是因为有一天看了一篇说一家人要温柔以待的文章后，开始注意讲话的腔调，后来，小王也慢慢改掉易怒的毛病。

小王妈妈看到说话温柔的好处，她开始提醒丈夫也要注意对人的说话态度。一天晚上，她和丈夫一起去探望生病的婆婆，婆婆向儿媳妇投诉自己儿子乱扔她的东西，只要他觉得没用的都是垃圾，就会信手扔掉，一点儿不尊重人，气得她血压升高，头晕。婆婆哀叹：“都是我没教育好。”她提到她有一块木料被扔了，小王爸爸听了，辩说绝对不是自己扔的，又说他母亲整天生活在垃圾堆里。小王妈妈劝他：“妈都气病了，你还争个真理在你这边，很有意义吗？如果妈病重了，你会不会内疚？”小王爸爸顿悟，赶紧向他母亲道歉，承认是自己扔的，以后会多跟她商量处理家里的旧物。婆婆心情稍微好一点，觉得儿媳妇比儿子懂事多了。

由此可见，对于大多数人来说，温柔说话并非与生俱来，但可以通过后天有意识地改变。成年人的改变会对孩子产生潜移默化的影响，父母先改变自己，再带动孩子一起学会温柔，学会和睦，学会讲话通过大脑，考虑“一言既出”的后果——这是送给孩子受用终生的珍贵礼物。

过于精明，最终算计的是自己

过分耍“小聪明”的人是很难有大成就的。

“机关算尽太聪明，反误了卿卿性命……”《红楼梦》是这样评价王熙凤的，她是女人精明到极致的代表。

王熙凤，一个不乏聪明又美丽的女子，然而从没有人评价她是“优雅”的。

在贾府最繁盛时期，她有过奢华的生活，可惜过于精明，太能算计，最后的悲惨结局，虽然有“树倒猢狲散”的大环境原因，但也是她自己缺乏善心，没有行善积德的报应。倒是她的女儿巧姐，因为她早年间无意中帮了刘姥姥一把，最后得到荫庇，没有沦落到凄惨的境地。

中国人的传统文化中是讲“报应”的，认为做了好事会“积德”，有“好报”，有“福报”。精于算计，坑蒙拐骗的人是得不到好报的，即使骗得了一时，也骗不了一世。善有善报，恶有恶报，不是不报，时候未到。

曾在网络上看到过这样一个故事：

八十年代初有一个“能人”，姑且叫他“老陈”。老陈当年不安于本职工作，经常请假去倒卖商品，成了那时非常令人羡慕的“万元户”。他发家后并不辞职，就这么一边拿工资，一边跑小买卖，后来，他开了个小商亭，继续过着悠闲的日子。单位想停了他的工资，他就耍赖，单位拿他无可奈何。他不仅耍赖，还在单位里散布歪理：“我跑一趟买卖，能赚……”“你看，他们不敢不给我工资……”“给公家干傻透了，我傻了二十多年……”可惜后来他所在的工厂倒闭了。再后来，他得了急病死了，留下一儿一女，女儿嫌工作太累，就守着他的小商亭过。再往后，小商亭没了，女儿也不知到哪儿去了；儿子唱摇滚，想去泰国发财，据说是被骗了，老陈挣下的那几万块钱，也被骗光了。后来他儿子就去偷车卖，被判了刑，再也没有消息了。其实，老陈年轻的时候，是很帅很能干的一个工人，技术好，工作也不错，但某一天早晨，他忽然“顿悟”，从此走上了一条不再老实巴交的道路，成了他家的能人，成了工厂的懒人，也成了被社会遗忘的人。

雨中开车，听电台主播在讲本地新闻：某“的哥”在火车站接到一位外地游客，上车后，“的哥”很热心地询问该游客是否第一次来本地，有没有带够钱。游客没有防备之心，告知是第一次来，钱放在旅行箱里。“的哥”于是动起了歪脑筋：开启“跑得快”，市区内4.5公里的距离，他问客人要900块钱，“打折”后收870元。因为人生地不熟，怕被打，明知自己被欺诈，客人只得窝囊地交了钱。但一下车，他就打电话报警。警察介入，很快就找到这个被钱迷了心窍的“的哥”，要回了870元钱，并且将监管不严的车主一并找来，进行处罚。

其实过分耍“小聪明”的人是很难有大智慧的。有人想不花或少花时间力气，钻规章制度、法律法规的空子，为自己攫取利益，这种人短时可能会赚得一些好处，但不可能获得长久的可持续发展带来的好处。

有人想利用手中的权力为自己换取利益，短期确实也能得到一点好处，但一旦太贪婪，有朝一日东窗事发，等待的只有牢狱铁窗。古人云“读书志在圣贤，为官心存君国”。想当官就别想发财，想发财就别去当官，这是官场必须遵守的规则。

不论“大老虎”还是“小苍蝇”，只要动了算计的脑筋，就会有出格的举动，大的想瞒天过海，小的想投机取巧，不管哪一种，都会损害百姓，危害国家，终究会有被发现而落网的一天。这样的例子不胜枚举。

有大智慧的人有信心，有毅力，能忍耐，会坚守，或许短时间里见不到大成效，不会发大财，甚至运气不佳，有失败的危险，但只要方向正确，努力进取，总会有守得云开见月明的一天。

阿里巴巴的马云，从没有任何背景白手起家的普通人，到如今中国最富有的人之一，其间经历诸多艰辛。创业初期，他的企业很难拿到业务，看着有人因为行贿而赚到不少钱时，马云和员工开会讨论要不要行贿，结论是：不行贿。虽然那段日子很艰难，但他熬了过去，后来如人们所看到的那样，阿里巴巴不断发展壮大。

越来越强大的马云提出“永不行贿”的口号，得到各方赞赏。2015 年 10 月 25 日，他在第三届世界浙商大会倡议浙商“永远不要行贿”。他说，对年轻人来讲，没有比这个时代更好的了。“这个时代，不需要拼老爸老妈的关系，不需要拼腐败，不需要拼银行贷款，拼的是你的真知才学和怎么样去努力。我也想跟浙商所有的理事、会员讲，反腐倡廉，这是中国有史以来最大的一次。这是时代的决心，时代的痛。”

作为首任会长，马云发出倡议：“我希望，浙商永远不参与任何行贿，如果我们的会员参与行贿，就清除出去。这个代价不能再让我们的下一代去承受，再去拼这些东西。”马云希望大家坚持底线。“我们拼真本事，拼的是睡地板，拼的是勤奋，拼的是不断改变自己，拥抱变化。”

作为浙商的杰出代表，马云总结浙商的成功来自浙商动在先，比谁都敢于冒险。“但是我们要建立制度、人才、文化，只有这样浙商才能抗风险。今天的企业，要做全球的生意，没有良好的组织、文化、优秀的人才，没有机会。”这是具有国际视野的现代商业意识。

并非所有商人都敢大声说出“永不行贿”四个字。

在这越来越透明的世界，想要偷偷摸摸做一些不能浮出水面的事情是很难的，当不能见光的事情被曝光时，声名江河日下后，想要重整旗鼓，重回公众视野有多难？经历过的人都知道。

有一位著名的地产商，特别爱刷存在感，在百姓最敏感的房价问题上，时不时投下一枚炸弹，引起轩然大波，他对任何事情都有惊人的言论，大有“语不惊人死不休”的抱负，尤其喜欢将矛头引向对国家的仇视，大量的网民被他忽悠成了他的粉丝，在网络上当“喷子”，跟在他后面谩骂。

不过，网民被蒙蔽是一时的，清醒过来的网民们开始发现他的卑劣行径，不断揭穿他。他拥有“大 V”身份的微博终于被停，北京的行政机关发了通告，对他旁敲侧击地警告，从那以后，他销声匿迹了，很快大家也就淡忘了他的存在，并不觉得没有他的惊天言论，生活就难以为继，反而感觉少了乌鸦般的聒噪，日子更为太平清静。

心胸坦荡的人在岁月中会舒展开来，对比马云和那位负能量满满的地产商，广大群众发现，早年因为长相有些与众不同而被调侃为“外星人”的马云现在越来越耐看，很多网友亲切地称他“马云爸爸”。

找一种方式悄悄地宣泄

大家都希望能有理性、宽容、大度的人生态度，宣泄是排除垃圾情绪的一种有效办法，但要注意不要把所有人都拉进来当家务事、感情事的裁判官，希望通过责骂别人让大家都站在自己这一边，听自己说，为自己打抱不平，帮自己攻击对方，这不仅傻，而且蠢。

人，都会有烦恼。一种人憋住不说，生生将自己憋成抑郁症，胡思乱想，一心想自杀，甚至真的付诸实施，死了自己，伤了至亲的心。普通人因抑郁症而自杀的不知有多少，但因为默默无闻，较少引起人们的注意。而大明星因抑郁症自杀，便会引起轩然大波，引发人们关注这种心理疾病，期待能减少悲剧的发生。

多数时候，消耗人能量的不是肉体的劳累，而是精神的烦躁、压力、倦怠……

对每个人来说，平衡情绪最累，也最重要。

宣泄，对个人保持健康心态必不可少。但是过度宣泄，将别人当作自己情绪的垃圾桶，不断地往里倒垃圾，就容易将自己的困扰带给别人，给他人制造不良情绪，引发他人的抵抗心理。

女生馨的想法多与众不同，讲话较为尖刻，她周围的同事朋友常觉得她突然间会朝自己开炮，莫名其妙，难以忍受，有的人回话也同样尖刻，直接抵挡出去；有的人就不予理睬。时间久了，馨感觉周围人都用奇怪的眼光看自己，她觉得受不了。于是，她跟一位较为年长的同事打电话，倾诉自己的委屈。电话打了一个多小时，那位大姐级的同事一直安慰她，她心情稍微好一些。

过了一段时间，她又积累了很多的不良情绪，于是又给那位大姐打电话，大姐继续耐心地安慰她。她觉得这位大姐为人真好，不管什么事都可以跟她倾诉。可是后来敏感的她发现大姐接她电话的语气不像以前那样好言好语，也会批评她，她不服，跟大姐争辩。

大姐也有些生气了，说："你的情绪问题需要自己想一些办法宣泄，仅靠别人疏导是治标不治本。每个人都有自己的难处，每天生活工作一堆烦心事，还要听别人倾诉垃圾情绪，自己心情也会变差。你知道为什么看心理医生那么贵吗？心理医生自身特别容易患心理疾病，因为他听太多人倾倒情绪垃圾了，给很贵的价钱都很难补偿垃圾情绪对他心理带来的损伤。"

大姐的话说得很重。馨知道大姐不再愿意听她倾诉，她就到处跟别人说大姐没有大家传说的那么善解人意，对别人的困难一点都没感同身受，不帮忙也就算了，还讽刺挖苦。这话传到大姐的耳朵，大姐无奈地一笑，不说什么，她正因为有足够的同理心，所以不愿意将自己的不满宣泄给别人。

不良情绪，不要宣泄给身边人，让人家心里也装满不良情绪，虽然不是 100% 装满，但费心力去听，去回应，必定会占据大脑的一部分空间，把接受良好心绪的空间挤出去了一部分。

爱倾诉的人总是忍不住想倾诉，在智能手机还没出现，纸媒发达的年代，全国各地大部分报纸杂志都有一个名为“情感倾诉”的版面。

每周，我们都可以在上面看到各种感情问题，在倾诉中宣泄自己的不满，平复自己的心情，这是倾诉的作用。纸媒倾诉的好处是：并非一对一强制性接受的。普罗大众面对纸上的倾诉，可以有各种选择——不愿意接受负面情绪、不爱看花边新闻的人可以选择跳过；喜欢猎奇的人则不会放过这种光明正大八卦别人生活的机会；也有人通过读别人的故事，反思自己的人生，这是另一种阅读的收获。

旻本是个快乐贤惠的女生，却不幸遭遇渣男，身为丈夫的他不仅出轨，还设计离婚阴谋，伪造巨额共同债务——因为他知道她家境优渥。

等待法庭判决期间，旻伤心到极点，她实在忍不住，便向她当记者的老同学倾诉自己的不幸遭遇。老同学也是义愤填膺，正好他负责的版面有这么一块婚姻情感的内容，便将她的情感故事发表了出来。当她的朋友询问，今天报纸上的倾诉者是不是她时，她才知道自己的故事已经上了报纸。她有些惊慌，找来报纸细细阅读，她发现记者同学并没有将她的大名写上。所以，她告诉朋友：这写的不是我。可是，故事的细节与她的遭遇完全一致，很多人都看到了，朋友们纷纷打电话来了解情况，她烦不胜烦。而她的前夫也看到了，打电话来责问："为什么把事情捅到报社？我要去告你污蔑诽谤我！"

她没有财力将这一天的报纸全部买下，即便都买下，所造成的影响也无法消除了。一切都已无法挽回，她将心一横，对他说："没错，写的就是你我的故事，你要告便去告。"

她的前夫威胁了一番，最终选择了息事宁人。

这件事随着第二天、第三天报纸的出版而渐渐被人遗忘，询问的电话也减少直至消失。不过，对旻来说，这是一次教训，让她明白：以后，倾诉不能不分场合不辨对象地进行。自己的苦自己担当，对别人倾诉了，无益于解决问题，反而让亲者痛仇者快。实在憋在心里难受的话，她选择写在日记本上，等写完一本，就一把火烧掉，让那些垃圾情绪随之灰飞烟灭。

这是一个普通人的倾诉风波，作为知名的公众人物，对媒体吐槽自己的感情灾难，引起的麻烦就更大了。

香港有一对明星夫妻，离婚后，彼此依然在媒体隔空对骂，毫不示弱，指责对方习惯坏，人品差，骂到最后，观众都由原先的看热闹到厌烦，不少人“粉转黑”，而他们依然忙于打嘴炮，宣泄自己的情绪，丝毫不管自己的形象已在对骂中严重受损。多年之后，也许心中积聚的怨气已经消散，他们才慢慢地有了互动，在媒体面前开始说对方的好，看到他们的转变，观众也慢慢地改变了对他们的看法。

大家都希望有个理性、宽容、大度的人生态度，宣泄是排除垃圾情绪的一种有效办法，但要注意不要把所有人都拉进来当家务事、感情事的裁判官，希望通过责骂对方让大家都站在自己这一边，听自己说，为自己打抱不平，帮自己攻击对方，这不仅傻，而且蠢。

如果你有愿意听你倾诉、能帮你解决问题的密友，那是再幸运不过，但也要注意不要无休止地麻烦人家，给人家制造困扰；如果没有这样的密友，那就找一种方式悄悄地宣泄。

日记，是一个很好的“树洞”。将心头重负记录下来，排解掉，转身，以轻松的微笑继续勇敢地面对生活。此外，暂离伤心地，外出旅游，或者全身心地投入到工作中去，都是很好的排解法。每个人都有权利和义务找出最适合自己的办法，平复自己的情绪。

要注意，宣泄一次，就要理性地告诉自己：我已将垃圾情绪排除干净，而不是暂时缓解，切不可过不多久，新仇旧恨又再次涌上心头，反复宣泄。

要在合理的宣泄中完成自我救赎，不要让自己在没完没了的牢骚中自我分裂，自我毁灭。

感恩身边人

唯有感恩，唯有尽孝，唯有“滴水之恩涌泉相报”，才是为人子女的正道，才能让人得到相应的福报，优雅、风度以及美好的一切才能随之而来。

泰国，一位贫苦的农民父亲培养儿子完成了大学学业。毕业当天，儿子与父亲拍了一张合影。儿子说，父亲是他一生最大的骄傲。

这张合影让很多人流下了眼泪。身材高大魁梧的儿子，穿着学士服，仪表堂堂，气宇轩昂，旁边的父亲，一身不知穿了多少年的破旧短袖衣裤，脏兮兮的，胸部以下已经看不清原来的颜色，被东南亚酷热的太阳晒得浑身黝黑的父亲脚上没有鞋子，厚厚的尘土裹住了他的脚，显出与黝黑皮肤截然不同的灰白色，不知这是否是这位父亲人生中拍的第一张照片，紧张拘谨明显地表露在他的脸上和攥住短裤腿的手上。旁边，站着他出色的儿子，但他并没有因此显得心花怒放，他的脸上只有多年生活重压下的愁苦。他的头歪着微微向前伸，眼神有些茫然，背后是泰国乡村的土地和残破的木屋……

的确，孩子学习成绩优秀，大学毕业了，但未来的路还很漫长，父亲几十年的辛勤劳作都凝结在他愁苦的脸上——现在还远没有到可以开心的时候……

老舍在《我的母亲》中写道，他的母亲勤劳辛苦一生，以一个寡妇之力，抚育几个孩子长大，为了能让老舍读师范，她做了好几天的难，才筹了巨款送他上学；当老舍师范毕业，被派为小学校长时，他对母亲说："以后，您可以歇一歇了！"母亲的回答只有一串串眼泪。母亲为孩子高兴，但她知道，孩子未来的人生道路漫长而坎坷，自己还不能"歇一歇"，果然，后来，老舍离家越来越远，甚至远在千里万里之外的英国，她独自一人生活，没过上一天好日子，一直到死吃的都是粗粮，去世一年后，老舍接到家信，才得知这个不幸的消息。

父母爱子之心永不改变，为了孩子，愿意付出一切，甚至包括自己的生命，曾见一位母亲在朋友圈里写道："我的孩子是我唯一愿意以命抵命的人。"母亲对孩子的爱是无私的，不求回报的，但孩子懂得回报，就会得到人们的赞叹。

另一位泰国孩子感恩父母的照片也打动了大家：2015 年泰国选美比赛冠军泰国北榄府的 17 岁女孩阿敏（卡妮塔）未及脱下华服盛装，就赶回家跪谢母亲。她的母亲以捡垃圾为生，那一刻，正站在一长串垃圾桶边……阿敏不曾对自己有一个拾荒的母亲感到羞愧，她认为靠自己双手赚钱无须觉得丢脸，而且她有今日的成就离不开母亲的辛劳和培养。阿敏表示，虽然获得冠军后，会接到拍摄一些广告、影视等工作，可以帮助家里改善经济状况，但家人还是会继续以捡垃圾为生。“有空的时候，就去帮妈妈分拣垃圾。”

父子、母女合影，本来很平常，但这两张照片，却触碰到太多人内心深处柔软的部分。

因为不是所有的子女都懂得感恩父母，都明白要报答父母，都能有机会孝敬父母，所以这两张照片深深地打动了人心。

在这信息透明的时代，我们也看到太多嫌弃父母的案例，还有不孝子遗弃父母，虐待父母，甚至杀害父母的事件，也时有耳闻。

然而我们的成长，离不开父母含辛茹苦的抚养。

无论何时，都要记住：正因为当初他们的托举，才使我们能看到更高更远的世界。

对于他们，唯有感恩，唯有尽孝，唯有“滴水之恩涌泉相报”，才是为人子女的正道，才能让人得到相应的福报，优雅、风度以及美好的一切才能随之而来。

随心所欲不逾矩

过分追求个人的利益，会使人陷入深井难以自拔，很多利益是隐藏在深坑里的，一锄头一锄头掘进去，掘到了“宝”，也掘成了自己的“罪恶之墓”，深到再也爬不出来。

《论语·为政》曰：“七十而从心所欲，不逾矩。”孔子认为人老了，经历了很多事，总结了很多经验，为人处世终于可以掌握好“度”，能够随心所欲，却不会超越规矩。

如今，资讯高度发达，人们每天的所见所闻甚至超过古人一年的阅历，可谓当今方一日，古代已逾年。今日，我们接收到的信息如此之多，就像策马扬鞭，赶着人跟时光赛跑，催着人飞快成熟，等不及你熬到 70 岁才懂得做人之道。尤其是公众人物，必须更加恪守为人处事“不逾矩”，否则一旦有“逾矩”的事情，就很容易被曝光，被唾弃，难以再有翻身的机会。

娱乐圈的明星们赢得了众多粉丝，也因此名利双收，但同时要承受的压力是从此暴露在众目睽睽之下，无所遁形，除了粉丝外，还有娱记、狗仔、“朝阳群众”等端着照相机，握着手机，拿着放大镜，在他们以为无人察觉的犄角旮旯里蹲守着，等拍到独家惊天大新闻，爆出猛料，卖个好价钱。

有的明星因为被曝光吸毒被抓，褪去耀眼的光环，多次想翻身，却再也难以实现；有的明星被曝光国内一套做派，国外一套做派，爱国与叛国的两副嘴脸被揭穿，辉煌的职业生涯也不再；还有的明星以为自己做得天衣无缝，家中红旗不倒，外面彩旗飘飘，洋洋得意，却不料被人放倒红旗，拔了彩旗，从此声名狼藉，一提到名字，观众首先想到的是他品行败坏的形象，再也无法伪装完美——名败了，利还能继续来吗？

“矩”，规矩，为人处世的原则，涉及生活的方方面面，通过家庭教育、学校教育、社会教育、文化积淀、血脉传承……让人明白做人必须遵守的原则。若想偷偷摸摸越过规矩，一旦暴露就会面临巨大的压力，甚至身败名裂。

诚信，是规矩中的重要一条，做了不诚信的事，哪怕再小，也会遭人指责。

有些明星为了保持自己的偶像形象，为了继续得到粉丝的青睐、爱戴，不敢坦然承认自己恋爱了，更不敢说自己结婚了，以至于他身后的女人必须默默地付出，忍受地下情，忍受隐婚。或许，大明星觉得这是自己的私事，并没有伤害谁，要说亏欠谁，那也只是亏欠自己的女人，无关他人丝毫。殊不知，此举已经大大伤害了粉丝的心、围观群众的心。某天，实情曝光，才不得不站出来道歉，为自己逾越了诚信的规矩而道歉。

仁爱之心，亦是不能逾越的规矩。

春秋时期孔子开始传播仁的思想，到战国的孟子，将之发扬光大到国家的仁政。《圣经》有云：当爱人如己，这是诫命之一。《圣经》还说：我若能说万人的方言，并天使的话语，却没有爱，我就成了鸣的锣，响的钹。

可见，爱，在人类社会中是多么重要，古今中外概莫能外。

关于什么是爱，《圣经》给出了具体的回答：

爱是恒久忍耐，又有恩慈；爱是不嫉妒，爱是不自夸，不张狂，不做害羞的事，不求自己的益处，不轻易发怒，不计算人的恶，不喜欢不义，只喜欢真理；凡事包容，凡事相信，凡事盼望，凡事忍耐；爱是永不止息。

有忍耐之心，就不会轻易生气发火，就能平息冲突，还世界以和平，还生活以安宁。小至身边事，一句平常话没有必要就觉得自尊心受到伤害，激起怒火，一句挑衅的话，也没有必要与之计较，保持自己的好心情好心态，不能轻易被外界影响。

有恩慈之心，就不会对别人的痛苦视若无睹，嗤之以鼻，不仅不相助，还要说风凉话，在人家伤口上撒盐。恩慈之心的缺失，某些人已经到了十分严重的地步。看到毫无恩慈心的有钱人，会联想到这个社会的“仇富”心态，而“仇富”往往来源于“为富不仁”，不是所有有钱人都让人仇恨，被“仇富”的人要想想，问题出在哪里。

不嫉妒，存一颗向上之心，以他人的优秀来激励自己不断进步。嫉妒，是一颗毒瘤，是一枚炸弹，轻者伤了自己，重者毁了别人。嫉妒，多是针对身边人。距离产生美，近处无风景。身边的人再有本事，熟人看到的也是他的缺点，难以接受这个人竟能超过自己。对于远处的人，反而会生出敬畏心、仰慕心，所以，要注意对熟人保持距离，忌生嫉妒。

自夸、张狂，在多数人眼中是难以接受的，虽然多数人因着修养，忍住贬斥嘲讽之口，但还是难免腹诽几句。

不做害羞的事，因为人活一张脸，树活一张皮，有些事做了，是永远抹不去的污点，不仅自己丢脸，还连累父母亲人，甚至子孙后代。譬如秦桧，臭名远扬，后人留下一句：“人从宋后羞名桧，我到坟前愧姓秦。”这是多么深的罪恶感、羞愧感？往小里说，小偷，偷物偷人，一旦被抓获，被发现，一辈子也难以抬头。

过分追求个人的利益，会使人陷入深井难以自拔，很多利益是隐藏在深坑里，一锄头一锄头掘进去，掘到了“宝”，也掘成了自己的“罪恶之墓”，深到再也爬不出来。看看那些贪官，拿国家和人民赋予的权力，寻求自己的利益，也许一时得到好处，但是天网恢恢疏而不漏，最终还是会走向毁灭。苍天何曾饶过谁？

做一个守规矩的人，守住自己充满仁爱的良心，不要被邪恶攻破，从而生根发芽，长成成片的荆棘，挤占了美好的葡萄园。人到中年之后，你会发现，用仁爱滋养润泽的女人眉眼舒展，会散发出温润的光芒，而不是庸俗无聊，成为令人讨厌的唠叨刻薄做作的中年大妈。

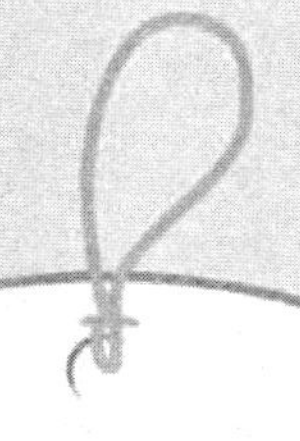

第三辑 女人格局越大越美丽

越优秀的人越不屑与人计较，而不思进取的人则往往容易陷入对他人、对社会的不满情绪中，有极端者更是戾气横溢，时不时泼洒出来，弄脏别人，也毁了自己的声誉。

气度是最好的美容品

三十岁以前的容貌是天生的，是父母给的，三十岁以后的容貌是自己修炼的，不能指望一个飞扬跋扈、心思阴暗的女人，能够有温婉的容颜。

小至一个单位，大到一个国家，领导人的气度有多大，往往也决定了整个公司的工作氛围。

安是一个单位的领导，担任副职时，尚能处理好跟下属的关系，但是前任退休，她走马上任之后就变了，总是猜忌多疑，疑心很多人跟她作对，对抗她的权威。她心情不美丽，就总是阴沉着脸，常常因为一句话，一个小细节，跟下属起争执，把人骂得狗血淋头，女下属被她骂哭是常事，甚至男下属也会被她骂哭。有人忍无可忍，不愿再忍，拍案而起，与她对骂，甚至有人将她堵在办公室里不让她走，放话威胁……搞得她要多狼狈有多狼狈。

客观地说，她也对很多人好过，很多时候，她也想把事情办好，且勤奋工作，但稍有不满意就不经过大脑，不忍一忍怒气，立刻大发雷霆。说实话，她付出很多，工作也很辛苦，却没有人同情她，也没有被人认可。提起她，人们想到说到的都是她的火暴脾气，毫无人情人性的苛刻，毫不体谅人的冷漠。单位里的职工个个都盼着她快退休。

她退休后，上级委派了个学术专家型的女人来接任她的工作。与她的飞扬跋扈不同，这个继任的女领导才华横溢，有一大堆社会兼职的头衔，为人却极为温婉，见下属都是微笑着，并第一时间主动打招呼，语调温柔可亲，让饱受“压迫”的职工倍感受宠若惊。她上任不久，就能一一叫出每个员工的名字，工作也安排得井井有条。

安在职期间，单位的发展停滞多年，从系统“领头羊”沦为效益最差的一家，再不整顿，马上就要被撤销。新领导上任后，勤勤恳恳，励精图治，每晚加班到深夜，她没有向任何人倾诉，没有在单位群里抱怨一声，只有单位门口的保安常常在漆黑的夜色里看到她辛劳的背影。

她有时也利用自己在社会上的名望，请专家来单位做提高个人素质的培训，深得好评。她会将职工的事情记在心里，而不是信口一问，转眼即忘，当她了解到有的职工遇到困难，马上解囊相助，而她的家庭经济条件并不多么富裕。

上任两个月，她从没有随意指责批评过任何人，对所有人都微笑以对，她赢得了所有职工的心，让每个人都自觉自愿地做好自己的工作。

但凡见过她的人，都对她赞不绝口，她不仅美貌有才，而且人品一流，气质高雅。这是她长期以来的大度、和气、宽容滋养的。

有气度的女人，长期被温馨的氛围包围着，滋养着，想不美丽都难。

人们常说，三十岁以前的容貌是天生的，是父母给的，三十岁以后的容貌是自己修炼的，不能指望一个飞扬跋扈，心思过于复杂的女人，能够有温婉的容颜。

若不与和气交朋友，就会以争吵为能事，每天心头口头打枪似的往外冒各种严苛的念头，待人缺乏善意，这样的人是不会受人欢迎的。

而且，各种纠结心头过，身体是会留下记忆的。烦恼太多容易生发健康问题，愁绪太多，脸上的肌肉总是拉长、绷紧、皱缩，肌肉也是有记忆的，日久天长，就会加深加重皱纹，皱纹反过来又增加戾气，如此恶性循环，相互作用，结果是青春时美丽的容颜，在岁月的杀猪刀下，长残了。

这把“杀猪刀”部分来源于自然规律，但更多的是来源于自己内心深处喊打喊杀的嘶吼，身体投降了，服从内心刻薄的指挥，于是呈现出最符合内心状态的容颜。花再多的钱，买再多的美容品，借助再多的整容术，又怎能敌得过由内而外的改变？

反之，心灵美同样作用于相貌，那些外表散发着温柔光芒的女子，内心的善良与气度有绝佳的延缓衰老之功效，即便花不多的钱，也能比内心充满困扰争斗的女子更长久地年轻着、美丽着、优雅着。

当有人在凄风苦雨中挣扎时，你春风化雨；当别人暴风骤雨时，你和风细雨；你知道，你的和气善良不仅在化解别人，更是成就自己的美丽、优雅。当你明白你的宽容大度得到的福报是自己时，还有什么值得计较纷争的呢？

放过他人，放过自己

被人伤害了，生气是难免的，但要给自己消气的时间，不能永远做仇恨者，更不能做复仇者，因为智商、情商、品格的差距是客观存在的，别人做了一件对不起自己的事，如果自己以牙还牙进行报复，等于把自己也拉低到同样档次。

“你伤害了我，还一笑而过……”那英演唱的歌曲《一笑而过》是月儿最喜欢的一首歌，因为她也被扎扎实实地伤害到了。

那是她的闺蜜——蓁蓁。

她们一起吃饭，一起喝茶，一起看电影，一切逛街，一起旅游，一起玩摄影，一起做她们能想到的所有美好的事情，就像电影里的七月与安生。

电影里，安生爱上了七月的男朋友苏家明，但她不愿意跟七月争，她离开了，选择了一条艰难的人生道路，在观众看来简直是糟践自己的道路，虽然她们之间因为男主角苏家明有过感情纠葛，但安生还是把苏家明还给了七月，七月与苏家明谈着平淡的恋爱，一直到结婚前夜，七月知道苏家明深爱的是安生，她让苏家明逃婚，她自己则因为无法忍受流言蜚语而辞职，她学潇洒的七月去云游天下，后来，她难产死去，留下一个女儿，安生将她的孩子当作亲生的抚养，最后，安生将她们的故事写成小说，被女儿发现后拿给苏家明看，问他是不是自己的爸爸，苏家明如梦中醒来……

电影里表现的人性很美，生活中，却没有这样的理想化。

月儿认识了一个男生辰良，名校的高才生，工作能力也很强，月儿被吸引了，深深地爱上了他，他对月儿也很好，两个人常相伴。月儿惊觉自己因为恋爱疏远了蓁蓁，心里很是过意不去，她问辰良有没有合适的同学朋友介绍给蓁蓁，这样，她们仍然可以一起玩——带着各自的男朋友——由两个变成两对。

辰良给蓁蓁介绍了他的高中同学，是另一所名校的高才生，略有不同的是这个同学比 180 厘米个头的辰良矮了 10 厘米。

蓁蓁相亲过后，婉言谢绝了。

月儿觉得蓁蓁孤孤单单的，心里过意不去。她和男朋友出去看电影，吃饭，必定会约蓁蓁一起去。蓁蓁也不客气，和他俩成了好朋友。

虽然月儿妈有对月儿旁敲侧击，说：“三个人，很奇怪，不太好吧？”月儿却觉得妈妈过虑了：“蓁蓁是多少年的好朋友，我太了解她了，她为人很好，不会有什么意外的，妈妈，您就不要想太多了。”

妈妈不想干涉年轻人的事，便不再多说。

月儿每天傻呵呵地跟辰良聊天，跟蓁蓁聊天，还专门建了一个三人共有的微信群，在群里聊得热火朝天。有时候，她也会催辰良帮蓁蓁再介绍个男朋友。辰良却说有顾虑，前次没成功，有心理障碍，这种做媒的事不是我能干的。

月儿想想也对，怎能让学霸男朋友做媒呢？

过了一段时间，月儿觉得辰良工作太忙了，每次约他，都是要加班，而蓁蓁也神龙见首不见尾了，不是说同学聚会，就是去七大姑八大姨家喝茶。月儿觉得奇怪，以前两个人一起玩的时候怎么都没听说她有那么多亲戚。

直到有一天，辰良提出分手，月儿睁大杏眼，万分不解。辰良说："对不起，我们不合适。”月儿说：“为什么？是我哪儿做不好了？我改，行吗？”辰良说：“不是你不好，是我不好，我配不上你。”月儿一听这话，知道彻底完了，她在辰良心中已经没有任何分量了。难过只能往肚子里咽，她不是那种喜欢吵闹的女子，她黯然神伤，流着泪回家。

她建的三人微信群，再也没有人讲话。

有一天，她想起他们一起玩的快乐日子，忽然发现蓁蓁已经很久没有更新她的朋友圈了。于是，她点开看看，结果她发现一条灰白色的细线——自己被屏蔽了！

不祥的预感让她心生怀疑，她想来想去，坐立不安，她想给蓁蓁打电话，可是手机铃声响到结束也没有人接。过一会儿，再打，还是没有人接。打了三次电话，都是没有人接。莫非，蓁蓁出了什么意外？她的心不安起来。她决定到蓁蓁工作的公司去找她。

可是，蓁蓁竟然辞职了。她的同事告诉月儿，蓁蓁半个月前说辞职去结婚。她们都觉得结婚就结婚，有必要辞职吗？何况她处于上升期，收入又那么高。蓁蓁却很倔，不听任何人劝，坚持辞职。月儿问：“你们有她的消息吗？她结婚前请大家喝喜酒了吗？”“她有邀请跟她要好的姐妹组成伴娘团……听说她怀孕了。”月儿的心沉下去，沉下去……为什么，为什么都不通知我？她的丈夫究竟是谁？

月儿去蓁蓁家。她按了门铃，听见蓁蓁应着：“谁呀？来了……”听到她的回答后，却没有来开门。她再按门铃，就没有任何回音了。她听得很清楚，蓁蓁在里面，为什么不开门？

事情的真相越来越朝她设想的奔去。她不再按门铃，转身坐在楼梯边。她要等，不管等多久，一定要等到蓁蓁出来。

天暗下来，蓁蓁一直没有出来，从楼梯下面上来了一个男人。

月儿一看，整个人都傻了——是他，是辰良，他手里提着超市购物袋，里面装着蔬菜瓜果……一切都不用说了。月儿没有搭理辰良的问候，径直向楼下走去。她的心被伤透了，最好的女朋友，最爱的男朋友，竟然做出这样令人不齿的事，她再也不想见他们！永不原谅！

每天，月儿都生活在极度的愤懑中，她在日记里记下对他们的恨！妈妈看她那么难过，也不敢说她，只是不断安慰她人各有命，缘分天注定！

几个月后，月儿在微博上看到一条被转载了几百次的消息，源头竟然是她最熟悉的蓁蓁。要知道她和蓁蓁互相取消关注已经很久了。这条消息写的是蓁蓁生孩子的可怕经历，医生问她要不要剖宫产，她怕剖宫产生下来的孩子以后不如顺产的聪明，拒绝了，硬要自然生产，结果难产，孩子生不出来，医生动用产钳，将孩子的头夹扁了，医生说没事，过一段时间就好了。可是，过了几个月，孩子被诊断出脑子有问题，恐怕终身都不能正常。蓁蓁难过极了，去告医院要求赔偿，法院判下来，蓁蓁自己也要承担一部分责任——因为医院建议她剖宫产，而她拒绝了——医院赔偿的钱还不够上告的费用，更别提孩子今后的治疗费了。蓁蓁不服，写了一篇长微博，她的亲友们帮忙转帖，已经转了 300 多次……

月儿的心一下子软了，她想起妈妈说的“人各有命”，这就是他们的命吧。她仿佛看见他们的艰难处境……

她有一个姑姑是儿科专家，主攻婴幼儿脑瘫，经她手治疗的孩子很多都得到了好转，长大后能学习，生活能自理，有的还能从事一份不错的工作。

她决定介绍蓁蓁带孩子去找她姑姑，让她姑姑帮孩子治病。

当她这样想的时候，她感觉以往压在她头上的一座大山被挪开了，她得到了前所未有的轻松与畅快。

被人伤害了，生气是难免的，但要给自己消气的时间，不能永远做仇恨者，更不能做复仇者，因为智商、情商、品格的差距是客观存在的，别人做了对不起自己的事，如果自己以牙还牙地报复，等于把自己也拉低到同样层次。对仇人好，这是圣人的胸怀，在生活中，我们即使达不到这么高的层次，至少也要做到遗忘，从记忆里删除他（她），不再记恨他（她）。

因为放过他（她），就是放过自己，让自己从仇恨中解脱出来，为成长为优秀的人铺平道路，坚信岁月会回报以优雅和安宁。

善待世界的“天使心”

若要迷人的双唇，请用善意的言语倾诉；若要动人的双眸，请将他人的优点找出；若要优美的身材，请将你的食物分给饥饿的人。若要美丽的秀发，请让儿童的指尖每日穿梭于你的发间。若要优雅的身姿，请将这句箴言铭记心田：你永远不会孤单前行。

在美女如云的好莱坞，有一个明星被人称为“天使”，她是奥黛丽·赫本。

人们这样评价她：

她呈现的是一些消逝已久的特质。例如：高贵、优雅与礼仪……上帝都愿意轻吻她的脸颊，她就是这样一个讨人喜欢的女子。

奥黛丽·赫本有着天使般的特质，她并不想高人一等；但她从内而外显现出的神采与光芒，令人唯有仰视。

奥黛丽·赫本似乎并不觉得自己有多漂亮，但再也没有哪一个电影明星赢得这么多地赞誉。

她可以流利地说多个国家的语言——英语、荷兰语、法语、意大利语和西班牙语等。

奥黛丽·赫本气质高贵，她的美丽经久不衰！一讲到 Style，人人都会立刻想起她！

她是自然与美丽的化身，她皮肤细嫩，性情温和、活泼，她的微笑散发着独特的魅力。

与她合作过，彼此仰慕一生，却无缘结合的著名男星格里高利·派克更是对她情有独钟，他说："我非常喜欢她，其实我很爱奥黛丽；每个人都很容易爱上她。她是我见过的最迷人最优雅的人，我在《罗马假日》里相识了一位我永远都是配角的人，和她在一起，我永远都觉得自己是她的陪衬。"

被人称为"美女"很容易，被人称为"天使"却很难，因为那不仅需要容貌、身材，还需要一颗善待世界的"天使心"。

奥黛丽·赫本就是这样一个人。1988 年至 1993 年间，奥黛丽·赫本担任联合国儿童基金会的亲善大使，足迹遍及埃塞俄比亚、苏丹、萨尔瓦多、危地马拉、洪都拉斯、委内瑞拉、厄瓜多尔、孟加拉国等贫困国家和地区，她为孩子们呐喊、呼吁和募捐。为表彰她为全世界不幸儿童所做出的努力，美国电影艺术和科学学院将 1988 年奥斯卡人道奖颁发给了她。

1992 年，她已身患重病，还去索马里看望因饥饿而面临死亡的儿童。

1993 年，诺贝尔和平奖得主德蕾莎修女获悉奥黛丽·赫本病危的消息后，召集所有的修女彻夜为奥黛丽·赫本祷告，祈使她能够奇迹般地康复，祷告传遍世界各地。

赫本去世时 64 岁，她晚年的照片没有修图美颜，脸上没有了饱满的胶原蛋白，自然地任由皱纹横生，因为消瘦，面颊失去柔和的线条，颧骨高耸，眼窝凹陷，甚至有些棱角分明，可她在所有人心中依然是美丽的，由内而外的美丽、优雅、高贵。

1993 年 1 月 20 日，奥黛丽·赫本在瑞士的托洛谢纳病逝，葬礼上，她的儿子肖恩将莱文森的两首诗歌合并起来朗读——《保持美丽的永恒秘诀》：

若要迷人的双唇，请用善意的言语倾诉；若要动人的双眸，请将他人的优点找出；若要优美的身材，请将你的食物分给饥饿的人。若要美丽的秀发，请让儿童的指尖每日穿梭于你的发间。若要优雅的身姿，请将这句箴言铭记心田：你永远不会孤单前行。

这便是赫本的真实写照，她的美丽，她的优雅，她的“天使心”，全都根源于她最真最善最美的内心。

善意，是什么？

善意，是待人真诚，愿意发自真心地帮助别人，尤其是对待弱者，不虚假，不虚伪，更不能存害人之心。

《圣经》里有这么一段故事：

有一个律法师起来试探耶稣说：“我该做什么才可以承受永生？”耶稣对他说：“律法上写的是什么？你念的是怎样的呢？”他回答说：“你要尽心、尽性、尽力、尽意爱主你的神；又要爱邻舍如同自己。”耶稣说：“你回答的是。你这样行，就必得永生。”那人要显明自己有理，就对耶稣说：“谁是我的邻舍呢？”耶稣回答说：“有一个人从耶路撒冷下耶利哥去，落在强盗手中。他们剥去他的衣裳，把他打个半死，就丢下他走了。偶然有一个祭司从这条路下来，看见他，就从那边过去了。又有一个利未人来到这地方，看见他，也照样从那边过去了。唯有一个撒玛利亚人行路来到那里，看见他，就动了慈心，上前用油和酒倒在他的伤处，包裹好了，扶他骑上自己的牲口，带到店里去照应他。第二天，拿出二钱银子来交给店主说：‘你且照应他，此外所费用的，我回来必还你。’你想，这三个人哪一个是落在强盗手中的邻舍呢？”他说：“是怜悯他的。”耶稣说：“你去照样行吧！”

邻舍，不是高高在上地位尊贵的祭司，也不是上帝拣选的利未人，而是有同情心的普通至极的撒玛利亚人。朋友，你明白这个故事的意思吗?

曾听人说过这样一个故事:一个穷人生了重病,饥寒交迫,濒于死亡,某人来看望他,说了很多安慰的话,并说:“希望你早日康复,希望你能有饭吃,希望你开启幸福的人生。”另一个人什么话都不说,给他买来面包,把他送到医院去,帮他交了治疗费,并每天在病床前照顾他。这两个人哪一个是真正的善人?

有一些女人,爱美到极致——拉皮打针整容,想保住渐渐流逝的青春;穿戴极其华贵,想拥有高贵优雅的形象。可是,披挂几百上千万的珠宝也难以令人倾心,手术刀雕刻出来的僵硬美颜更是让人觉得好笑,低胸装让观者有情色之心却无赏美之意。烈焰红唇,丰乳肥臀,搔首弄姿,自以为有千种风情,不仅得不到“天使”的美誉,还留下大写的“尴尬”二字。

每个年龄都有属于自己的风采,与其想尽办法玩“冻龄的性感”,倒不如以博爱、宽容和睿智来成就知性的美,反而更能让人心生仰慕。

越优秀越大度越美丽

越优秀的人越不屑与人计较，不思进取的人则往往容易陷入对他人、对社会的不满情绪中，有极端者，更是戾气横溢，时不时泼洒出来，弄脏别人，也毁了自己的声誉。

心思缜密是女人的优点，能以聪慧敏感补充男人粗枝大叶的疏漏，对完成要求细致的工作有极大的帮助。古今中外，有不少这样的女子，或是在男人的世界里，高瞻远瞩，拼出一番自己的天地，或是做个贤内助，帮男人成就事业。

古代，皇后未必都是后宫最美的人儿，但一定是要有才德，能够母仪天下的女人。

长孙皇后是著名的一代贤后。她十三岁嫁给李世民。武德元年册封为秦王妃。武德末年竭力争取李渊后宫对李世民的支持，玄武门之变当天亲自慰勉诸将士。之后拜为太子妃。李世民即位十三天即册封她为皇后。她在后位时，善于借古喻今，匡正李世民为政的失误，并保护忠正得力的大臣。长孙皇后先后为皇帝诞下三子四女。

贞观十年崩，谥号文德皇后。上元元年，加谥号为文德圣皇后。李世民誉之为“嘉偶”“良佐”。

明朝开国皇帝朱元璋同样也有一位贤德的皇后——马皇后，她与朱元璋感情深厚。在朱元璋平定天下、创建帝业的岁月里，马秀英和他患难与共。朱元璋登基后即册封她为皇后，并且对她非常尊重和感激，对她的建议也能听取和采纳。朱元璋几次要寻访她的亲族封官加赏，都被马皇后劝止。对于朱元璋屠戮功臣宿将，马皇后总是婉言规劝，使朱元璋有所节制。

某日，在微信朋友圈里看到两句警世良言：比你差的人才会在你背后补刀，比你优秀的人根本没时间理你。

比照生活中见到的人，确实有这样的感觉。

夏是一个优秀的女子，她从小到大都是出众的，不仅成绩好，还多才多艺，钢琴、绘画、舞蹈，无所不精，每一项都屡屡获奖。读高中时，她是省学生会主席，成绩优异，还获得过全国创新大赛一等奖，本来她保送北大清华是十拿九稳的。但是，命运却跟她开了个玩笑，她的名额被别人占去了。

一直名列前茅的她在高考时考砸了——当然这“砸”是相对她自己而言，对很多人来说，她的成绩仍然是高不可攀的，她以十分之差无缘北大清华。

与北大清华擦肩而过是她一辈子的痛，之后她被南方的一所985名校录取了。在这所名校里，她拿奖学金拿到手软，几乎所有的奖学金都落在她的手里，有的高达两三万元。这些奖学金都是她勤勤恳恳做学问换来的，当同学去旅游去玩乐时，她总在孜孜不倦地学习。

她参加该大学学生会主席的竞选，大家都认为她是稳操胜券的热门人物，不料，竞争之激烈，某些竞争者手段之恶劣，大大超出她的意料，她竟然意外落败。不过，像之前与清华北大失之交臂一样，她不再纠缠于此，而是继续努力，走自己的路——她远赴美国，上常青藤名校读研，并连续读数所名校的硕士博士，实现她成为优秀人才的梦想。

而在那场选举中用不光彩的手段战胜她的那个男生，后因种种原因成为那所大学臭名昭著的“某大之耻”，令人叹惋。

看着夏那修长而美丽的身影，总是令人羡慕：世间竟有这样美好的女子。其实，没有谁的人生道路是平坦的，一帆风顺的。坎坷，她也经历过，但每次她都很快就摆脱忧伤，继续阳光灿烂地走在前进的道上。她知道，在那条路上，能追赶上她的人很少很少，她无须与谁争，多数人争不过她——这是她凭自己才华与努力赢来的公平。

在工作中，越优秀的人越不屑与人计较，而不思进取的人则往往容易陷入对他人、对社会不满的情绪中，有极端者更是戾气横溢，时不时泼洒出来，弄脏别人，也毁了自己的声誉。

有一次，某教育系统组织了一次网络教研活动，将全市某课程的相关老师都集中到一个QQ群里，展开关于考试改革的讨论，大家针对教改草案发帖，提出自己的意见和建议。这本是一件群策群力，利用“头脑风暴”发掘每个人思维潜力，又节省时间精力，避免舟车劳顿，节约经费的好办法。

正当大家忙着思考合理化的建议时，忽然一所学校的某老师跳出来，用充满暴戾之气的语言对群里另一个人——她的同事，一个优秀学科带头人进行人身攻击。说她拿着名师津贴，不会教书，公开课只会让学生一遍遍念书；指导学生参赛，是凭着强硬的背景让她的学生获一等奖；写作文都是最简单的QQ、微信等碎片化写作；论文是东拼西凑的教改术语……将她的同事抨击得体无完肤，一无是处。

她的同事其实是一个很优秀的人，她在许多方面都热情尝试，并有收获。她是名师，从受学生欢迎的程度来看，她教学水平不言而喻；她还常外出举办经典诗词的讲座、心理学的讲座，指导市里艺术团的孩子们参加朗诵表演；她身体素质好，兴趣广泛，年年参加教工运动会并获奖，参加女教工插花比赛也获得了特等奖；人到中年，开始学书法，从不懈怠，进步神速，一手漂亮的毛笔字令人叹服；她还做得一手好菜，常令人垂涎三尺，羡慕她的丈夫儿子有福气；在外参加教研活动，她常对他人热情鼓励……然而，她的这些优秀，那位攻击者都看不到，而是借网络“群师会”对她进行人身攻击，满足自己自私狭隘的心理。

攻击来得太突然，所有人都蒙了。面对突如其来的事件，谁也不知该如何处理，被攻击的对象也没有站出来反驳。后来，有两个外单位的“女侠”实在看不过眼，争辩了几句，事主却 QQ 小窗留言她们，不必理会这种无理。

被攻击者是一个很温柔，善于设身处地为他人着想的人，她的涵养已经到一定的境界。在她的要求下，大家都沉默了，攻击者讨了个没趣。

在优秀者眼中，沉默是最大的蔑视，不予计较是最大的不屑。

清者自清，无须辩驳。

有时需要一点儿“赖”劲

想做成的事就一定要努力去争取，不要怕别人的拒绝，坚持一下，再坚持一下，或许就实现愿望了呢。

“无赖”是一个很让人讨厌的词语，往深里说，是用来指撒泼放刁等恶劣行为；往浅里说，是指不通情达理，不能体谅人的难处，随心所欲。

做好人，一般都是对“无赖”避而远之，绕道走开，绝不会自己去当“无赖”。这种思想深入骨髓，便会自己的事情自己承担，绝不愿意麻烦别人，或者害怕遭到拒绝而从没试过请求别人，似乎是清静了，但有时候也会造成某些遗憾。

有个女生，心灵手巧，喜欢各种手工制作，有一次，她看了沙画的视频后迷上了沙画。可是，她妈妈说她应该以学习为主，不要不务正业。女生不甘心，每天在妈妈身边磨，要求去学。她妈妈反对了几次，拗不过，只好答应送她去。妈妈心想，女儿平时学习紧张，一到周末都是睡懒觉，现在要早起去学习，估计坚持不了几次，没想到，平时每天都要妈妈叫起床的女儿，到了周末，自己设手机闹铃，早早就起床去学习沙画。每天放学回家，做完作业，都会练习半小时沙画。这样过了三个月，她的沙画水平已经非同一般，令人刮目相看，任何场合，她都可以一展才艺，甚至有人请她去表演。后来，说起这件事，面对别人的惊叹，她妈妈笑道："幸好当时她一直要赖，不然也不会送她去学。"

另一个女生，上了高中，忽然对数学产生了兴趣，特别想参加学校的数学兴趣班，但是，这个兴趣班要求学生数学成绩非常优秀。这个女生原先对数学有恐惧感，成绩不是很出众，但是产生兴趣后，她很努力，自学了一个学期。到第二学期，新的一轮报名开始了，她去报名，老师调出她以前的成绩看，说："你的成绩不够好，可能跟不上。"女生心里着急，想起妈妈说的话："你想报名参加，一定要坚持，就是赖也要赖进去，不然你会后悔。"她对老师发起了"赖"功："我非常想参加这个班，老师，您要以发展的眼光看我，我自学了高中的数学课程，如果进了兴趣班一定会更加努力的。"老师犹豫了片刻，终于把报名表给了她。因为是好不容易争取来的，进入兴趣班后，女生学习的劲头比原先就已在这个班的同学都足。在兴趣班里，她遇到很优秀的老师，更加鼓起了她的学习热情。

所以说，想做成的事就一定要努力去争取，不要怕别人的拒绝，坚持，再坚持一下，或许就实现愿望了呢。就像那个女生妈妈说的："赖也要赖进去……"然后，她就真的"赖"进去了，得到了很好的学习机会。

事在人为！不去尝试，怎么就知道不行呢？

有一年，一个读高三的女孩得了重病，她家境贫困，缺乏人脉，但她又是努力且优秀的学生，老师们都很喜欢她，愿意为她捐款，并转发轻松筹的链接为她筹款。

她的一位老师生性善良，自己为她捐了不少钱，但这个老师也属于不愿意麻烦他人的人，开始的时候，她也犹豫，转不转发链接呢？转，好像在向朋友圈里的朋友逼捐，万一人家不愿意捐呢？万一自己朋友圈里一个捐款的人都没有怎么办？不转，筹不够钱，女孩的病就不能得到医治。咬咬牙，第一次，她在微信朋友圈里转发了捐款链接。果然，如她所料，捐款的人并不多。

当然，她也感到一丝安慰：还是有人捐的！

她稍微宽心一点，又把链接发到 QQ 空间，也有少数好心朋友捐款。这给了她信心和鼓励：总还是有好心人的。

三周后，医药费花了七八万，从亲戚处筹来的钱花得差不多了，可女孩的病情却一直没有好转，医生束手无策，要求女孩家人将她送去上海救治。

去上海治病更需要钱，起码要五十万。前期愿意捐款的人都捐了，越到后面，捐款进展越缓慢，几乎陷于停顿，很多人的热心逐渐消磨光了。老师想：为了这个孩子，就卖一下面子吧。于是，她鼓起勇气，将链接转到她二十多年来教过的各个学生群里，很多群没有任何动静，但是有一个群有几个学生很热心，不仅自己捐款，还转发扩散，有的人一捐再捐，终于筹了两三千元钱。老师感到欣慰：还算有人理我。女孩的家人对她表示感谢，但是治疗费缺口还是巨大。老师想到自己的众多 QQ 群，虽然平时都没怎么说话，但这也算是一个资源吧，她又将链接转发到 QQ 群，并加了相应的说明。虽然不知道是否会有人关注，是否会有人捐款，但是不尽一份努力，就不能心安。相信这世界好心人总还是有的吧——老师这样想。

她转了 30 多个 QQ 群，后来，她发现有一些陌生的网友是通过她的链接过来捐款的——轻松筹里，通过谁的链接捐的款会有显示——她感叹：这世界，善良的好人还是有的。

她看到通过她的链接过来捐款的朋友，朋友的朋友，以及陌生网友为帮助女孩。她付出了努力，也得到了一些回报。可是老师心里总是惴惴不安，以为人们会责怪她打扰他们，不想，有一些朋友捐了又捐，她挨个表示感谢，朋友们说，你的大爱感动了我，对比你，我做的并不多。

如果，不去试一试，就不能帮助女孩筹到更多看病的钱。从不愿意麻烦别人的老师，凭着希望女孩有钱医治，得到康复的爱心，在这件事上也磨炼出了“赖”劲。

不试一试，不坚持一下，怎么知道不行？怎么知道会不会有收获？努力过，即使收获不大，也没有遗憾了。

吃点儿亏没啥

人与人相处，都希望遵循公平公正的原则，我不捞你好处，你也别占我便宜，维持着平衡与和谐。

“吃亏是福”被很多人奉为格言，这意味着豁达宽容的人生态度，有些人还特地请书法家写了挂在家中，以警示自己和家人不要过分计较得失。然而，现实生活中真正能做到的却不多，更多的时候，“绝不吃亏”是很多人奉为圭臬的人生信条，更有不少人不仅不吃亏，还总想占便宜，仿佛这样才能让自己比别人过得舒坦。然而，肯吃亏的人才有可能得到更多的回报。

在《射雕英雄传》里，最会吃亏的是郭靖。在网络上，有人计算郭靖和黄蓉初次相遇，究竟花了多少钱。黄蓉带他到张家口最好的酒楼，要四干果四鲜果，两咸酸四蜜饯，咸酸要：砌香樱桃、姜丝儿梅；蜜饯就要：玫瑰金橘、香药葡萄、糖霜桃条、梨肉好郎君；再来八个小下酒菜：花吹鹌子、炒鸭掌、鸡舌羹、鹿肚酿江瑶、鸳鸯煎牛筋、菊花兔丝、爆獐腿、姜醋金银蹄子。郭靖都看傻了，原来吃饭可以这么讲究，这餐饭共花了十九两七钱四分银子，在当年实在是一笔巨款。“出得店来，朔风扑面。那少年（黄蓉）似觉寒冷，缩了缩头颈，说道：‘叨扰了，再见罢。’郭靖见他衣衫单薄，心下不忍，脱下貂裘，披在他身上，说道：‘兄弟，你我一见如故，请把这件衣服穿了去。’”这件貂裘可不一般，是成吉思汗的儿子拖雷赠予的“一件名贵的貂裘，通体漆黑，更无一根杂毛”，还是从王罕的宝库中夺来的。能存在王罕宝库的，可是无价之宝啊！

郭靖不仅送了黄蓉塞外正版手工定制貂裘大衣，还把铁木真赠送的十两金子都取出来送给黄蓉。

此外，郭靖听说黄蓉想回家，又把汗血宝马送给她，这汗血宝马搁现在可是相当于价值千万的全球限量版的阿斯顿马丁。

郭靖对身外之物毫不介意，让黄蓉大为感动，也就有了后面温暖缠绵的爱情故事。

想那黄蓉，是绝世高手桃花岛主黄药师的女儿，冰雪聪明，心高气傲，普通人是绝对不会入她眼的，就连西域富二代，见多识广的欧阳克都为之倾倒，她却看上了大家口中的“傻小子”郭靖。这自然是因为郭靖憨厚淳朴的人格魅力，当然包括郭靖不计得失，不在意“吃亏”的个性特点。

吃亏，是人人都不愿意的。人与人之间相处，都希望遵循公平公正的原则，我不捞你好处，你也别占我便宜，维持着平衡与和谐。

可偏有一些人总想不劳而获，从他人处得到好处。

婷是一家公司的职员，有一天，她收到其他部门的同事菁的结婚请柬，她犹豫着要不要去参加这个婚礼，因为她和菁几乎没有交集，也就是在公司年会上有过点头之交而已。办公室里每个人都收到请柬了，大家讨论了一下，决定：未婚的去喝喜酒——因为还有回本的机会，已婚的不愿意去的则凑份子让去的人捎着。

婷未婚，也和其他人一样，觉得会有回请的可能，如果去了，也等于为自己将来的婚礼存一个宾客，所以她就去了。

公司里年轻人很多，“红色炮弹”一发接一发，大家都没有太多储蓄，不禁有些拮据。一个月后，婷的同部门同事小凡也准备结婚，小凡也给大家发请柬，包括刚结婚的菁，不料，她听说菁结婚后就辞职了。

小凡想起和菁在同一个公司微信群里，于是她在群里跟菁说请她喝喜酒，没想到菁竟马上退群了。

这样的结果，让所有同事大跌眼镜——人和人之间最基本的信任都没有了。大家不仅仅为自己的份子钱惋惜，更有种被骗的气愤。

失去信义的菁也因此失去了得到人们的尊重，自然没人愿意和她来往。

有一个词语叫“杀熟”，指专拿熟人下手，瞅准熟人不好意思拒绝，不好意思还价。然而，熟人并非傻瓜，明知被骗，为了面子，咬牙咽下一次，却再也不会有第二次的光顾了。一次次“杀熟”，失去一个个熟人的信任，失去信誉的店家终究难以做大。

小玉常在一对鱼贩子夫妻那买海鱼，每次都买好几条，也算是“老主顾”“大主顾”，鱼贩子夫妻每见她来买，都很高兴，因为她不会讨价还价，说多少就多少，很爽快，而且购买量大。海鱼从海里捞上来，很快就死了，所以都是冰冻的。开始的时候，鱼贩子很认真对待小玉，每次都很殷勤地说：“我给你挑。”小玉觉得自己不在行，有他们帮忙挑也好。

后来，有一次小玉发现买回家的鱼有一条是臭的，她以为是鱼贩子老婆不小心挑错了，因为没有时间再去菜市场，只好扔掉了事。等到再去时，她跟鱼贩子老婆说，前次买的鱼臭了。鱼贩子老婆说：“不会吧，我挑的怎么会臭？”小玉很不高兴她怀疑自己说假话，辩解道：“真的臭了。”鱼贩子老婆说：“我再帮你挑，你看看有没有臭？”再买的鱼果然是好的。

小玉又继续在他们那儿买鱼，可是，不久，再次买到臭鱼。这一次，小玉忍不住了，拎着臭鱼去找鱼贩子，鱼贩子老婆看了一眼，捡起那条鱼，扔到鱼堆里，又捡了另一条鱼换给她。小玉想：她心里多明白自己是卖臭鱼“杀熟”啊！理亏，所以才这样心虚。

从那以后，小玉再也不到这家店买鱼了。每次经过那里，鱼贩子夫妻都会招呼：“小妹，买鱼啊，新鲜的。”小玉摇摇头走开了。她不知道他们是不是只对自己这样。一年多以后，鱼贩子夫妻不见了，换成了其他的商贩。

诚信丧失，没有能持久的生意，也没有能挽回好名声。所以明智的商人必定将诚信放在第一位，竭尽全力为自己和企业营造好声誉。聪明的人也必是将诚信放在首位，宁愿吃亏也要坚守信义，终将成就更美好的未来。

做一个不被谣言所惑的女子

谣言像长了翅膀的老鹰，从你的全世界飞过；像波涛汹涌的海浪，轰鸣澎湃，震耳欲聋；而辟谣的声音则像蜗牛，在地上慢慢爬过，见者不多，不小心还会被踩死；又像细微的耳语，淹没在喧嚣中，不为人知……

微信、微博常常是谣言的集散地，时不时会爆出让人头脑发热的新闻来，很多时候，很多人会义愤填膺地转发、扩散别有用心之人制造的谣言，还自以为是在伸张正义。过不久，辟谣、揭秘帖纷纷出来“打脸”，转发谣言的人顺带也被“打脸”。虽然常被“打脸”，却不能阻止下一次继续当维持“正义”的键盘侠。

桐是我的一个朋友，她的清醒与冷静常让我感叹。我从未看到她转发过谣言，倒不是因为她对社会新闻毫不关心，而是她每次看了新闻，都会用自己的大脑过滤一遍，辨别真伪。

有一次，我与她，还有另一个朋友怡一起喝茶聊天。

怡说，她侄女在做语文练习题，她看了一眼。其中有一道题是这样的：在 2012 年世界奥林匹克数学竞赛中，中国选手荣获 16 金中的 10 金。在交换礼物时，外国小朋友送上自己精心准备的礼物，而中国选手因事先没准备，只好回赠人民币。朱熹曾说：“诗书不可不读，礼义不可不知。”结合上述事件发生的原因进行探究，说说你的见解。

怡说完，很感慨：这就是“中国式的竞赛”，赢了比赛，输了风度，感觉这金牌拿得挺没意思的。礼仪之邦，还不如外国人，我们要好好向人家学习，礼仪要从娃娃抓起，要教育孩子学会与人交往，这一点父母和老师做得都不合格……

怡絮絮叨叨批判了一通。这种令我们产生民族集体自卑感的言论，我听了不是很舒服，但也拿不出有力的论据来反驳。

桐微微一笑，说：“你知道吗？世界奥林匹克数学竞赛的参赛选手每个国家只能有 6 个人。”

怡吃惊：“不是吧？真的吗？ 6 个人拿 10 枚金牌？这，这也太厉害了吧！多出来的 4 金哪儿来的？”

我说：“这是不是有假？”

桐问：“你知道参加竞赛的选手年龄大约是多少吗？”

怡摇摇头。

桐说：“这是世界顶级数学高手过招，起码要高二以上的学生，过程极其残酷的，一轮又一轮的淘汰，才有资格走到世界级的竞赛场上——他们早已不是所谓的‘小朋友’了。写这则消息的人，我不说他到底是什么居心，就当他缺乏常识，不知道参加世界奥林匹克数学竞赛选手的普遍年龄，想当然地认为饱受诟病的奥数都是坑害小学生的，自然都是小朋友参加的。”

怡又点点头。

桐说：“每年参加数学竞赛的选手来自全世界，几百上千人，如果外国小朋友真的精心准备礼物，得准备多少份？如何随身携带？如只送给获奖者，便有歧视其他未能获奖者之嫌，这是注重礼仪的外国小朋友该做的吗？况且，参赛前，他又如何知道自己一定会获奖，一定有机会站在台上交换礼物？这究竟是世界级的赛场，还是元旦迎新晚会的娱乐场？且不说竞赛‘大神’们的每一分每一秒都在为竞赛做准备，没有时间去精心准备礼物，就算有时间，这费用谁出？要知道参加学科竞赛的选手们从小到大，家庭是主要的资助者，获奖后或许有名校的保送或自招名额，但这绝非体育竞赛那样有来自四面八方的高额奖金相比的。纵然是体育竞赛有大奖，我们也未曾看见选手们上领奖台后互相交换礼物，为何到高中生的学科竞赛就必须想到为他国选手准备礼物？”

怡只剩下不断点头的份儿了。

桐说："是谁这么不负责任地编造假新闻，堂而皇之地攻击我们付出巨大努力的选手。此种假消息又被没有辨别力的编选者选入练习题中，造成极恶劣的影响——使更多的学生对自己国家最优秀的选手的人品产生怀疑，进而对国家的教育产生怀疑，对整个民族的品质产生怀疑。"

桐愤怒道："是有多阴暗狡诈，多自卑无耻，多崇洋媚外，才会炮制出这样的假故事来'黑'中国最顶尖的数学竞赛选手？这种恶意攻击并非个例，而是经常出现在我们视线中，颠倒黑白，混淆视听。最令人遗憾的是：谣言像长了翅膀的老鹰，从你的全世界飞过；像波涛汹涌的海浪，轰鸣澎湃，震耳欲聋；而辟谣的声音则像蜗牛，在地上慢慢爬过，见者不多，不小心还会被踩死；又像细微的耳语，淹没在喧嚣中，不为人知……"

桐说："我注意到，每则惊天大新闻出现时，措辞往往慷慨激昂，危言耸听，甚至夹杂着虚假内容的报道先行，因为引导者知道，只有激起人们产生严重代入感的同情心，激起人心的愤慨，才能让他们想传播的消息如光速般飞快地传播出去，引出天量的愤怒评论，待到声势浩大的舆论扭曲了真相，结果就是极其可悲的误判。有人达到目的了，就必须要有人用大量沉浸在悲痛中的时间去等待遥遥无期的公正，哪怕这迟来的公平早已于事无补，也多少是个安慰。

如果公正的结局永不到来，那些投入误导舆论的‘帮凶’们，又有谁会进行自我反省，自我审判？只怕仍然觉得自己是正义之神的化身，继续投身到用键盘引导舆论的滚滚洪流中。我们没有能力改变这一切，但也不要做误导舆论还自以为正义的键盘侠。”

怡若有所思，说：“确实要注意辨别真伪，想做个有素质的优雅的人，不能老是跟着舆论起哄，要自己用脑子去分析判断，一旦事实真相被曝光，回头看看自己曾经传播、发布过的那些愤激言论……简直太令人羞愧难堪了。”

我想，我以后也要注意，看到激起人心愤怒的消息时，控制一下被引发的激动情绪，多问个“真有此事？”没有能力做辟谣者，至少不要做谣言的传播者，不要让自己上了别有用心之人的圈套，在另一些人心上插上一把锋利的匕首。

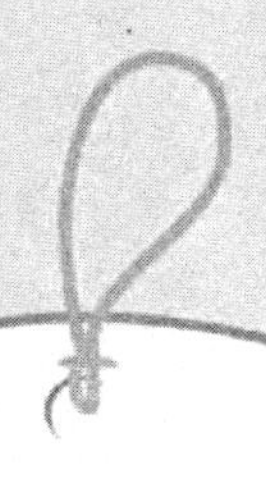

第四辑
低调的女人更优雅

想成为优雅的女人，一定要学会收敛，要管住自己一颗爱炫耀的骚动的心，注重培养自己的涵养气度，减少对别人一览众山小的蔑视心态，避免瞧不起别人的傲慢。

温柔和顺战胜盛气凌人

男人，都想找一个愿意听他讲话的女人做老婆，若是一听他讲话就不耐烦，那还怎么能共度一生呢？

叶子是一个温柔贤淑的女人，她在大学教音乐，很小资情调，接触的人也都是充满文艺气息的。她沉浸在美与艺术的世界里，却难能可贵地不忘烟火生活，每天都为家人烹饪美味佳肴。按理说，这么好的女人打着灯笼都难找，可偏偏她的丈夫有了婚外情，还把小三惯得找上门去，要她让位。叶子吃惊、委屈、失望、死心，最终离婚了。

他们没有孩子，叶子独自一人搬到学校宿舍，每天看看书，唱唱歌，弹弹琴，静静地过自己的日子，想起往日，她不明白，自己到底哪儿做不好了，竟然是这样的结局。

一年多之后，她的一个同事给她介绍了隔壁大学的何副教授。她看看照片，摇摇头，这长相，唉，不想见。同事说："你就见见呗，人不可貌相，他是一个非常有才华的教授，男人嘛，要那么帅干什么？”

最后这句话触动了叶子，她想，自己的前任老公就是个帅哥，可是又有什么用呢？心坏了，空有一副臭皮囊，反倒害人不浅。

于是，她就去见了。没想到，何先生和她竟然很投缘，对方的专业恰巧是自己陌生的领域，两个人聊起来就没完了，发现彼此三观极其相似，简直相见恨晚。

晚上，回到宿舍，叶子都觉得好笑，自己也三十多岁的人了，还跟小姑娘似的动情，而且，面对的还是个不帅的男人。不过，那男人除了长相一般，其他倒也没有不好。现在下结论说好不好，似乎早了一点儿，要真像自己见到的那么好，他的妻子怎么会不要他呢？怎么会离婚呢？还是再观察观察吧。但是，自己也算活了三十多年了，看人应该不至于太走眼……

一个秋天的中午，何先生和叶子相约一起吃饭。饭后，他们沿着大学城的路慢慢走着，忽然一辆车吱的一声停在旁边，驾驶室内坐着一个年轻貌美的女司机。何先生猛一错愕，一旁的叶子莫名其妙。

女司机吼道：“姓何的！”何先生冷冷地看着她，说：“什么事？”女司机斜了叶子一眼，那不屑的神情似乎在说：也就这姿色，比我差远了，年龄还那么大，那么显老。叶子也是个聪明人，她看看何先生冷漠的表情，再看看女司机，她有些明白此人是谁了。

女司机朝着何先生怒气冲冲地吼：“你自己说过的话，你还记不记得？”何先生瞪她一眼，没吱声。叶子还没见过何先生这样冷傲的神情。

女司机有点儿受不了了，继续吼道：“你想怎么地？”

“没想怎么地。”何先生冷冷地回了一句。

女司机说：“你说过跟我复婚的。”

“哦？我说过吗？”

“你……你怎么……自己屙出来的屎，自己又坐回去了？”女司机愤怒地一挥手。

叶子觉得这话太粗俗，都听不下去了。

女司机继续吼：“臭姓何的，你答应跟我复婚，你现在怎么找了个小三？”

叶子脸上挂不住了，她因为前夫的事，最痛恨“小三”，想不到如今自己被人骂“小三”。那个气呀！她一跺脚，一言不发，愤然离去。何先生一看这架势，再也控制不住愤怒，对女司机吼道：“你搞什么鬼？离婚了就别来找我。”

“啊？你这忘恩负义的家伙！”

何先生也不跟她多啰唆，手指着前方，说：“你走，我不想跟你多说话。”

“没把话说清楚，我不走。”

“你不走我走。”何先生丢下她，自顾自追叶子去了。

他告诉叶子，他的前妻虽然年轻漂亮，还跟他生了一个孩子，但是她性格暴躁，对他颐指气使，指手画脚，他把所有工资奖金都交给她了，而她对他的任何事情都看不惯，他总感觉她从来就瞧不起自己，所以对自己很不尊重。但在叶子这里却不会有这种挫败和压抑感，叶子很尊重他，很喜欢倾听他的工作情况。

男人，都想找一个愿意听他讲话的女人做老婆，若是一听他讲话就不耐烦，那还怎么能共度一生呢？

光是她不耐烦他，也不是就过不下去。不过，感情的破裂会由量变发展到质变，只要有一根细细的导火索被一点火星点燃，就会烧起来。

终于有一天，导火索来了。前妻跟朋友出去聚会了，他带孩子去公园玩，下坡时，孩子奔跑，摔倒了，从头到脚都擦伤了，流血了……他吓坏了，赶紧把孩子送到医院，然后给前妻打电话，前妻飞速赶到医院，二话不说，对着他就是两记耳光，将他扇傻了，半晌才反应过来。前妻骂道：“这是我用命换来的孩子，谁敢让他出一丁点儿差错，我绝不饶他狗命！”一时整个走廊候诊的人都傻了，有人反应过来，赶紧劝，其他的人在一旁摇头。前妻得理不饶人，继续骂："离婚！离婚！我早就受够你了，一点儿责任心都没有，看个孩子都看不好，你还有什么本事？还大学教授！"最后一句，让所有人的目光都集中到了何先生身上。何先生低着头，被妻子在公众面前这样骂，实在太狼狈了。

前妻看大家瞅何先生的眼神，更来劲了，数落他这个大学教授如何不顾家，不会带孩子……大闹一通后，撂下一句"要是孩子出什么事，我饶不了你，我不想活了，也不会让你好好过……"转身径直走了。

孩子身上的擦伤很快就好了，但是牙齿磕掉了一个，幸好，过两三年还有机会换乳牙，然而他俩的夫妻关系却走到尽头了。何先生为了孩子健康成长，本不想再娶，觉得太折腾，所以他并不同意离婚。而前妻铁了心要离婚，她以最快的速度分割了财产，然后搬离他们共同生活的家，她口口声声说自己以命抵命换来的孩子，这回又说她一个人没办法带，也没办法养，就留给了何先生。

何先生一边上班，一边当爹又当妈，实在熬不过，把自己父母请来帮忙照顾孩子，过了一年多，别人就给他介绍了叶子。这期间，他也听人说他的前妻谈过一个又一个帅哥——绝对都比他帅。可惜，前妻虽然自视甚高，但是一个离过婚的女人，怎么可能那么轻易找到真心共度一生的人，何况，她还那么精明刻薄，任何事情都看不惯，任何感情都用物质来衡量，这样就更难找到合适的。转了一大圈，她觉得还是何先生老实可靠，又有社会地位，最关键的是，他会把所有的收入都交给她。于是，她又来纠缠。何先生原本为了孩子，不欲跟前妻计较，犹豫着要不要复婚，就在此时，他认识了叶子。善良温柔的叶子深深地吸引了他，他再也不想跟前妻复婚了。

前妻不干了，各种折腾，这更加坚定了他不愿意复婚的决心。

他选择了温柔和顺的叶子，虽然叶子比前妻年龄大几岁，也没那么年轻貌美，但在何先生眼中，气质优雅贤淑的叶子才是携手一起老去的伴侣，他相信与叶子一起，自己以后一定能过上被人尊重的幸福生活。

真爱不算计

女人，一旦盛气凌人，自以为是，飞扬跋扈到嚣张的地步，必然让人感到不舒服，对她产生防备之心，将她排除在正常人之外，排除在可接受的范围之外。

章子怡是大名鼎鼎的“女神”，她的婚姻可算坎坷，几番周折之后，终于嫁给“才子”汪峰，婚后，公众看到的是一个贤妻良母，一个能够疼爱继女，辅导继女英语，给继女慷慨买东西，能与继女和谐相处的后妈。

反倒是继女的亲妈时不时跳出来，给大家留下了一个胡搅蛮缠、怼天怼地、怨天尤人的印象，她多次隔空传话，指桑骂槐，表明自己才是孩子的妈，叫章子怡不要装模作样，借疼她的女儿作秀，对章子怡羞辱谩骂，章子怡一次都没有反驳，倒是激怒了汪峰，写了一封公开信斥骂前妻。前妻收敛了一些，但也给人们留下了嚣张自大刻薄的深刻印象。

女人，一旦盛气凌人，自以为是，飞扬跋扈到嚣张的地步，必然让人感到不舒服，对她产生防备之心，将她排除在正常人之外，排除在可接受的范围之外。

亲和的女人到哪里都招人喜欢，曾经常被人贬褒的章子怡用她的亲和态度面对生活，改变了人们对她的印象。一开始，大家并没有看好这段婚姻，觉得汪峰的名气和收入远远输给章子怡，他高攀了，而章子怡下嫁了。但章子怡这贤妻当得相当合格，爱亲生女儿是天性，她虽然忙，但常自己带孩子，人前人后疼爱继女，一家四口合影时，继女脸上纯真甜美的笑容表示她对这个继母的满意。她对汪峰的事业也是相当支持。汪峰参加节目，指导学员唱歌，章子怡陪同他甜蜜现身，一起席地而坐指导学员，还给学员送礼物，打开自己的衣柜让学员挑喜欢的衣服。高高在上的“女神”原来如此亲和，不仅学员惊喜，大众也喜欢这种形象的章子怡。

放低身段，不仅没有损害章子怡形象丝毫，反而赢得更多人的赞誉。

情商高的女人，能够吃一堑长一智，在一次次坎坷挫折中调整方向，改变自己处世态度。出道多年的历练让章子怡学会了更妥善地处理与人的关系，为她的形象加分。

情商低的女人易冲动，不会反省自己，事事凭自己的本能反应，不会从遭遇的经历中总结经验教训，提高觉悟，只想用嗓门，靠盛气凌人战胜别人，结果只能把事情办砸，使得事情的发展与自己的愿望南辕北辙。

高依依是一家单位的办公室主任，她和丈夫离婚了，因为工作忙，孤身一人的她没有办法带孩子，而且，她觉得前夫收入比她高得多，这孩子如果判给她，每月 1000 元钱的抚养费使生活的压力很大。因此，她没要孩子，而前夫家三代单传，坚决要这个孩子，所以，孩子的抚养权倒是很好解决。高依依拿到了她想要的一套房子、一辆车，还有青春损失费。

开始的时候，高依依按照离婚协议，周末接孩子一起住，带孩子一起出去玩。后来高依依有了新的男朋友，但因为孩子的缘故，她和前夫还保持着来往，有时候，她恍惚觉得一家三口关系依旧，同时又有随心所欲的自由，简直是快意人生。前夫恋旧情，加上希望孩子有个完整的家，所以，对她还有所求，希望能复婚，在傲慢的高依依看来，再也没有比这更好的状态了。

但这种几近完美的平衡不久就被打破了。

国庆黄金周，第一天，高依依睡到 10 点多，起床开车去接孩子，却从前婆婆处得知前夫带着孩子跟他新认识的女朋友一起去了杭州旅游。这个消息如晴天霹雳，将沉溺在妄想中的高依依劈懵了，她一下子炸了：这还了得？竟然在外面找了个狐狸精！还把孩子交给狐狸精照顾，搞得他们三个人像一家子似的。那我呢，把我摆哪儿了？我才是孩子正牌的妈！不行，我要去把他们追回来，把我的孩子追回来。但是，自己就算赶到杭州，也是大海捞针，不知道他们具体位置啊。她一想，对了，杭州有熟人，是前夫的同行，她留下过他的电话号码。于是，她赶紧给那位张先生打电话，要求他马上去飞机场出口处拦截。

张先生觉得莫名其妙。

高依依坚持要他去拦截，他没法拒绝，只好硬着头皮答应到机场出口处守候，等高依依去。

高依依马上买机票，立刻起身，只要能把孩子追回来——那是自己的孩子，不是那个女人的孩子，凭什么把自己的孩子交给她？把我放在什么地位？这是要孩子以后脱离亲妈，跟后妈亲吗？这是绝对不允许的。

她下午 4 点多抵达杭州机场，出口处没有她想象中的场景。张先生上哪儿去了？怎么没有拦截住前夫和那个狐狸精，还有孩子？这张先生也太不靠谱了，我无可依靠才委托他的，竟然这样阳奉阴违，看来也不是什么好东西。哼，算了，自己找！这资讯发达的时代，就不信找不到他们。

这时，她手机响了，是张先生打来的，张先生说他找到她前夫一家三口了，但是不方便拦着他们不让走，不过他开车把他们送到宾馆，他知道他们住宿的酒店是哪一家。这可太好了。刚才还在心里痛骂张先生的高依依得到这个消息，非常高兴。

她赶往那家酒店，奔到他们住宿的楼层时，忽然觉得不对——自己这样贸然闯进去，肯定抢不过他们两个，对，应该打报警电话，说自己的孩子被拐走了，要警察帮忙救出孩子。

这下子可闹腾了，警车来了，警察来了，门敲开了，前夫不肯交出孩子，孩子也坚持和自己的爸爸在一起，警察觉得这是一家子出游没错。高依依见自己的目的没有达到，就在酒店闹开了。前夫觉得颜面尽失，气到发抖。最后，前夫说："既然你这么爱孩子，那这孩子你带走吧，既然你不要任何人帮忙照顾，以后由你负责照顾。"高依依没想到他会说出这样狠的话，她倒呆住了——自己哪里有时间和精力照顾孩子？只是气不过，觉得孩子被人抢走了，以后再也不会心向着亲娘了，所以才追来。要她花心血去照顾孩子，她可做不到。

高依依权衡利弊，觉得不合算，她只是来抢当亲妈的权利，并不想真的花时间照顾孩子。于是，她同意他们带孩子去玩，但是要求她的孩子不许那个女人帮忙剪指甲，不许她帮忙辅导作业，不许吃她做的饭，只能吃奶奶做的饭，最重要的是不许管那个女人叫

“妈”，只能叫“阿姨”。那女人很尴尬地站在旁边，孩子爸爸为了息事宁人连退几步，一一答应。高依依带着胜利者的骄傲，趾高气扬地回去了。前夫和女友败坏了心情，没怎么游玩，也带着孩子回去了。

虽然高依依不许这个不许那个，但那个善良的女人，对高依依的孩子还是很好的。每次高依依接孩子回家，从孩子口中听说“阿姨”对他好，她就气急败坏，打电话跟前夫闹。前夫忍无可忍，将她的所有联系方式都拉黑了。

高依依将她的怨气发泄到网络上，没想到网友一边倒地指责她错了。有人说：“难道你希望你孩子的后妈是恶妇泼妇，虐待你孩子？”她根本不服气，怼道：“我倒宁愿她是泼妇，这样我孩子的心就不会被她抢走，反正孩子有爷爷奶奶照顾，也不缺她关心，谁要她扮好人收买人心？”网友们被她的胡搅蛮缠激怒了，说她戾气太重，心态不好，好几个人跟她吵了大半天，谁也说服不了她，后来再也没有人理睬她。

就在高依依陷在担心孩子的心被那女人抢走的无限纠结中时，忽然有消息传来，说她前夫和那女人奉子成婚。

这下，高依依又不干了：他们很快就会有自己的孩子，那么高依依的孩子怎么办？爷爷奶奶都老了照顾不好，而且到时候恐怕会更偏爱小孙子，财产本来都属于大孙子，现在至少要分一半给小孙子，说不定还会多分……

高依依打不通电话，QQ、微信都被前夫拉黑了，她走投无路，决定到前夫单位去找他领导，务必不让这个孩子生下来。没想到，她将前夫单位闹得天翻地覆，所有人都看笑话，也没人帮她，领导也劝她消消气，不要插手人家夫妻之间的事。毕竟现在他们是夫妻，而不是她与他。

前夫烦死她了，放出狠话："再闹，通知精神病院把她抓走。"

高依依觉得自己无依无靠，都说一日夫妻百日恩，这还是她以前的那个丈夫吗？都是那个女人惹的祸……

她始终想不明白，怎么会弄到这个地步？自己长得漂亮，气质好，怎么到她前夫跟前就贬成一文不值的泼妇了？

她不明白，如果她不改变自己工于算计的心，不是凭爱去与人沟通，她永远也不能真正成为自恋中的那个优雅"女神"，她能得到的只有嘲笑蔑视，众叛亲离。

“作”不出风华绝代

爱“作”的人总是自视甚高，但凡看不惯自己的，都是因为不如自己，无缘高攀自己，得不到自己真善美的，都是他人的损失。

生活中，我们喜欢与相处舒服的人来往。相处舒服就是要双方都不“作”，才能和谐相处。如果一方比较“作”，另一方又踏实认真，就很难持续交往下去。如果一方比较“作”，另一方较为宽容，或许还能交往，但也很难产生认同感。

对于大部分低调沉稳的人来说，不“作”是让人感觉舒服的一种重要方式。不过，有一些喜欢“作”的人，偏偏认为自己是在展示风华绝代。

有一位女星，早年尚属清纯，也拍过一些不错的影视作品，到了中年，开始各种“作”——不顾自己一把年纪，学小年轻，穿透视装，袒胸露乳，让观者为之尴尬；又常常自以为是地在微博上指点江山，激扬文字，批评国家。遭到网友蔑视，就怒怼网友。

每个人都有自己的局限，但凡爱“作”之人，是看不到这一点的，总觉得自己无所不能，超乎万人之上，在越出自己能力范围的地方高调显示自己低劣的高明，不要说让高手耻笑，就连普通旁观者也会围观哄笑。

刚才说的那位女星，多少次因自以为是而犯常识性的错误，遭到嘲笑讽刺，却坚决果断自信地认为自己没错，错在他人。

爱“作”的人总是自视甚高，但凡看不惯自己的，都是不如自己的，无缘高攀自己的，得不到自己真善美的，都是他人的损失。

艳子是一个机关单位的领导，虽然手下干将不多，但是管着全省同系统上千号人。有一年冬天，她和同系统的平级单位以及下级单位二十多个同行一起出差。出差地点属于南北交界处，没有供暖，下雪后很冷，零下 5 度左右。这次出差是一次保密行动，大家上交手机以及所有联络工具，要在一个封闭的酒店里一起待上一个月。因为没有供暖，酒店里 24 小时开空调，空气循环不好，万一有人生病就会传染开来。所以多数人都比较在意保暖，多喝水。

艳子可不管这些，她带了整整三十套衣裙，确保自己能够每天一套不重样，靓己悦人。她是从南方过去的，衣裙很时尚，却并不保暖。她觉得反正有空调，并不冷，所以每天都打扮得花枝招展。可是，有一天，突然停电了，要修理一整天，酒店发电机无法给整座大楼供电，通知大家做好防寒工作。绝大多数人都把羽绒服穿上了，艳子依然穿着呢子衣裙，端着架子，娉婷袅娜。结果才半天她就感冒了，感冒来势凶猛，咽喉痛，流鼻涕，咳嗽，发烧，可是，大家每天都在一起开会，学习，培训，吃饭，活动。她的感冒病毒很快就传染给同宿舍的人，接着又蔓延开，除了个别身体素质极好的人外，基本都被她传染了，大家除了一起开会、吃饭外，还一起生病。明面上，大伙儿都没说她，但是暗地里都忍不住抱怨：明明是普通人，非要把自己当大明星，一天一套衣裙，三十天不重样，怎么不一年三百六十五天不重样？使劲“作”，不仅把自己“作”病了，还把大家都“作”病了！

此后，临出差前，大家都互相打听：艳子有没有去？如果她去，大家能躲就躲。

艳子以为“时装秀”能让自己美美的，能提升人气，让自己显得与众不同，不想却惹出事端，最终遭人厌烦。

有一天，网络上传播了一个视频，一个小男孩在玩滑滑梯的时候被一个稍大一点儿的小女孩踩了，小男孩的妈妈看到自己孩子哭了，就去责骂小女孩，小女孩的妈妈刚好在近旁，赶紧道歉，小男孩的妈妈继续骂，小男孩继续哭，小男孩的爸爸也赶过来安慰自己的老婆，可她还是不依不饶，还动手拉扯小女孩，用极其可怕的声调骂她。后来，小女孩的妈妈忍不住了，也不多说，抱起自己的孩子扬长而去。

网友们的评价是一边倒的，都说小男孩的妈妈不对，尤其是在人家道歉了，孩子也没有受伤的前提下，却这么凶地对小女孩。有人疑心小男孩的妈妈有产后抑郁症，有人说，或许前面还有其他原因，没看到前面的视频，不敢随意作出评价。

得饶人处且饶人，是中国传统古训。在没有受到损伤的情况下，得到对方的道歉，己方也应该高姿态一些，宽容对方无心的过错。

得饶人处不饶人，就会让围观者、知情者对原本应该获得同情的人产生反感，“作”的结果是自己树敌，让自己下不来台，也未必能达到自己想要的目的。更严重的是“作”到矛盾升级，“杀敌一千，自损八百”，甚至“杀敌八百，自损一千”。

阿柳是一家公司的中层干部，年轻漂亮能干，可也有一个缺点——爱“作”。遇到一点问题就喜欢闹，甚至直接闹到一把手那里，因为她跟一把手关系好，多数时候，大家看在领导的份上，不与她计较，也不敢跟她计较。所以，她就越发嚣张，对人颐指气使，一切事情都要听她指挥。

有一次，公司要印材料，设计员花了几个晚上加班，把文案设计出来了，阿柳看了不满意，要求改，设计员就按照她的要求改了，改完之后，送去印刷，阿柳又不满意，嫌人家印得不好，要求换一家。负责这件事的王女士觉得印刷厂水平都差不多，不愿意换，她就吵起来，越吵越大声，大伙儿围观。阿柳更是上纲上线了，说王女士拿人家的好处了。王女士本来就忍着气，让着她，这下可就气炸了，斥责阿柳污蔑，要她拿出证据来，阿柳哪有什么证据，但她不服输，既然是自己认定的事，就一定要坚持下去，坚持说她拿了好处，不然，怎么就不肯换一家？王女士说："你说换的那家并没有更好，以前也合作过一次，效果一般，收费高，态度又拽，才放弃合作。"阿柳见她不听自己的，噔噔噔跑到董事长办公室，直接跟头儿汇报，要求换一家。董事长问她为什么要换？阿柳说："这家不好。"董事长要她拿出证据，说明不好在哪里。阿柳拿不出来，董事长说："你呀，不要太强势，管好自己的部门，做好自己的工作就好了。"阿柳碰了一鼻子灰，灰头土脸地出来。外面偷听的人一哄而散，阿柳觉得这些人太恶劣了，幸灾乐祸，存心看自己笑话。自己是大红人，在董事长面前说话一贯都会被采纳，这次怎么回事？

她不能理解，却又无可奈何，不禁胡思乱想起来……

她不明白，董事长也是有头脑之人，她提的合理化建议，董事长会听，但是不合理的，董事长也会经过思考将之过滤掉，不会事事听她的。

任何情况下，自己并没有自以为是的那么重要，那么绝对正确，所以，多一点儿谦虚，少一点“作”，能帮自己减少很多尴尬。

然而，对有些人来说，爱“作”是本性，会“作”得花样百出，自己还觉得是风华绝代，但在他人眼里，不过是“作天作地”，“作”得如鲠在喉，“作”得伤人损己，没有任何益处。

别因为他人都有，所以我也要

如果用令人恶心的行为毁坏自己的形象，毁坏自己的名声，势必与优雅无缘，与成长为“女神”南辕北辙，离目标越来越远。无论何时何地，保持美好的心性，才能实现内外兼修，表里兼美，朝着美丽优雅的道路不断前进。

“因为她们都有，所以我也想要”。这种心态很普遍地出现在一些不太成熟的年轻人身上，我们姑且将之称为“羊群效应”——个人的观念或行为由于真实的或想象的群体的影响或压力，而向与多数人相一致的方向变化的现象。

于是，我们看到一些悲剧，有人家境贫困，却要求甚高，强迫父母亲人满足他的物欲，将父母亲人逼上绝路，自己也被社会唾弃，永远地背上良心之债。

也有人身居高位，名利并不匮乏，却不知足，如电视《人民的名义》中所演的“小官巨贪”那样，用堆满一堵墙，塞满一整个冰箱，填满一整张床的钞票来满足自己的欲望，结局是“天网恢恢，疏而不漏”。

诚然，这种对物质盲目追求到无所不用其极的例子属于极端个案，不具有普遍性，但也不能说我们心中就没有潜伏着“别人有，我也想要”的虚荣的魔鬼。

教育部门用心良苦地将莫泊桑的《项链》选入中学课本，让每一个高中生都能读到虚荣心造成女主角玛蒂尔德一生的悲剧，老师也都会引导学生树立正确的价值观，避免虚荣心作怪造成人生悲剧，每一个学生在学习这篇课文时也都被教育要分辨是非，但过后，并非所有的人都能将这种教训对照自己的生活实际而牢牢记住——因为那是 19 世纪，远在亚欧大陆另一端的法国发生的故事——距离我们太远太远，跟现在的生活关系不是很大。

虚荣心发作时，很多人并不会想到玛蒂尔德，会觉得自己不过是想得到美好的东西，不过是想得到更高品质的生活，追求美好的东西难道有错？然而，想要得到好东西的时候，务必记住这两个成语：量入为出，量力而为。

当孩子看到别的孩子有不同的玩具，也想要时，大人会考虑是否物有所值，是否值得买，如果觉得太贵，没必要买，就会跟孩子商量，会想办法转移孩子的注意力，也可能会采取强硬手段阻止孩子耍赖。

然而，“别人有，我也想要”的心态并非只属于孩子，并不会随着年龄的增长而减弱，不会因成年就消失。成年人看到别人有些好玩好看的东西时，向往之心会更强烈。没有经济实力，又不愿意采取非法手段的，眼馋着吧；有经济实力的，买就是。买完之后，很可能就成了“鸡肋”。

女人对服装的狂热是抑制不住的，看到衣服就想买买买。剁手都挡不住想拥有新衣服的热情。但很多衣服只是模特穿着好看，真到了自己穿上身，那“买家秀”简直不能看，废了！扔掉可惜，挂衣橱里占据有限的宝贵空间，送人，人家也不一定合适。哪个女人衣橱里没有几件从来没穿过的衣服？

不仅女人会成为剁手党，男人也会。

某年，某单位举行摄影比赛，一位员工拿出一张月亮的照片来，惊艳了所有人。原来，他有一个长焦镜头。一位爱好摄影的同事看到了，也很想要，于是怂恿另一位同样喜欢摄影的同事一起团购。镜头买来了，他却发现，一个月只有一天月圆之夜，还时不时地被云层遮蔽，被雾霾笼罩，或者遇到雨天，不一定能看到，好不容易等到能看到月亮，却又发现自己用得不太熟练，老是调不准焦距，月亮总是有些模糊，折腾好久，终于看清了月亮，却又发现连接相机的三脚架不太好安，安上了，拍不出所见到的效果……最后，他失望了，放弃了。从此家里多了一个沾满灰尘的镜头。后来，他看着心烦，只好将镜头送人，落得眼不见为净。

过了一阵子，大约忘记了买镜头成“鸡肋”的事，那个摄影爱好者外出摄影的时候，看到别人穿着浑身上下有好多口袋的摄影马甲，于是也想要，他又去怂恿大家一起团购。还真有不少人被他忽悠了，一起团购了摄影马甲。而原先跟他一起买镜头的同事却“吃一堑长一智”，说什么也不买，他拒绝的理由是：“我不会去穿的。”果然，买完以后，每次外出摄影，没有一个人穿，因为夏天穿着太热，冬天穿在羽绒服外又太小，而且，那么多口袋，对于业余的摄影友来说根本就没有那么多零件需要装口袋里。这摄影马甲也算是作废了。

天底下诱惑人的东西多了，看到别人有的，或者好看的好玩的东西，都想拥有，而不考虑是否真的适合，就会造成拥有之后闲置的烦恼。

当成年人想得到超过自己经济能力的东西，或是想做超过自己经济能力的事情时，陷入偏执的心态，八匹马都拉不回来。

这些年，“穷游”成为一种时髦，有些人羡慕穷游，甚至觉得这是一种勇敢的举动。一路上求搭车，求陪伴，蹭吃蹭喝，用很少的一点钱，换来一趟长途旅行，还将之作为炫耀的资本。且不说这期间付出的代价够不够沉重，单是将本该自己承担的享乐费用转嫁于别人，就属于既不道德又责任心缺失的做法。

本以为“穷游”已经算是抠门、贪婪，想占别人便宜的极致了，没想到还有奇葩中的“战斗机”，极致的“珠穆朗玛峰”：欧美一些富裕国家的人拿着名包，带着吉他，背着高档的单反相机，到贫穷的东南亚国家旅游，竟实行“乞讨游”——向比自己还穷的其他国家的穷人乞讨，以满足自己环游世界的野心。此举不仅让他所去的旅游国的国民轻视，就连他自己国家的媒体也觉得“丢人丢到家了”——到了陌生的无人能识的地方就可以肆意妄为？有一对比利时夫妻到中国旅游时，仅带了 4000 元钱，就准备游遍中国，在重庆时几乎饿晕，后来被警察所救。还有一个欧洲人，到亚洲来，乞讨后大吃大喝，吃成大胖子，被人拍了照发到各国网络上，被封为最不受欢迎的人。听说他买了哪一国的飞机票，那一国的网友就赶紧要求自己国家拒绝他入境。

中国古代有“慎独”之说，就是要求每个人在无人监督的场合，能自我监督，不做坏事。如果用令人恶心的行为毁坏自己的形象，毁坏自己的名声，势必与优雅无缘，与成长为“女神”南辕北辙，离目标越来越远。

无论何时何地，保持美好的心性，才能实现内外兼修，表里兼美，朝着美丽优雅的道路不断前进。

炫耀，谁比谁更没品位

想成为优雅的女子，一定要学会内敛，要管住自己一颗爱炫耀的骚动的心，注重培养自己的涵养气度，减少对别人一览众山小的蔑视心态，避免认为别人很无能的傲慢。与其咄咄逼人，自以为是，不如收起毕露的锋芒，用谦逊、温和、善意来完善自己的性格，完美自己的人生。这就是往优雅迈出了一大步。

有人觉得，炫耀是我们的生活日趋小康的产物。过去大家都穷，穷困潦倒，有啥好炫耀的？难道不是因为有钱，有本事了，才能炫耀的？

低调谦逊，一直以来都是我们民族的优良传统。但这些年来，高调张扬炫耀的人却比比皆是，有钱没钱，炫耀先行。

某贵家公子超级爱炫富。一个又一个地换女朋友，每次出街，身边都是不一样的女人，这是炫富的第一招。古代有“一人得道，鸡犬升天”之说，现代社会是一人炫富，狗狗也奢华：住五星级酒店，吃豪华狗粮大餐，狗链也是某名牌链子，就连狗狗把价值百万的座驾弄脏了，主人也只是喊一声：“再换一辆！”

在爱炫耀者眼中，除了自己，其他人都低到尘埃里去了，他觉得自己的一切是谁也得不到的，高攀不上的，我给你们看，是给你们长见识的机会。

可是，炫耀过头了，会遭人嫉妒，会被人“人肉”，会被翻出祖宗十八代，最后成为坑爹，坑娘，坑老公，坑公婆的大“坑货”。

炫富，是炫耀的重头戏。

最有名的是假冒中国红十字会商业总经理的郭美美，制造假身份，制造假新闻，炫来炫去，坑了干爹，坑了红十字会，顺带还把自己坑进了监狱。在监狱里，她还能觉得谁比她低级？作死作进监狱，郭美美真是“彪悍的人生不需要解释”的典型代表。

爱炫富是一种不健康的人生态度。

不是所有的人都爱炫耀，也有很多人低调做人，认真做事，为世界留下一片美好的阳光。

那个做过运输工，当过油漆工，从事过三轮客运，退休后继续蹬三轮车赚钱的白方礼老人就是这样一个品格高尚之人。他蹬三轮车近 60 年，捐 35 万元善款，圆了 300 个贫困孩子上学梦。93 岁时，他安详地离开了这个世界，但却永远活在人们心中。

吹牛，也是炫耀的一种方式。

有的人没那么有钱，也没那么有名，无法炫富，于是就努力傍个把名人，试图用所谓的“内幕消息”提升自己的声望。人家说，某明星现在的戏很火，她说，我认识她同学的小姨，我听说她以前不爱读书，成绩很差，是个小太妹，能出名都是因为运气好，或者潜规则。

人家说，某新锐才俊年轻有为，这么短的时间里做出这么大的成绩，他不屑，这个人，我知道，还不是靠着他岳父的人脉资源，他自己能有什么本事？他敢跟我站在同一起跑线上竞争吗？

有人爱高谈阔论，表现自己的见多识广，聚会就把“我朋友”挂在嘴边：“我朋友新项目最近融资顺利，准备烧钱上亿”，“我朋友最近参与拍摄一个电视连续剧，你们很快就会看到”，“我有个朋友是主播，最近很红，网红，这一年赚了一百多万”……

人家谈国内旅游见闻，他就说自己边打工边游历欧洲，或者去非洲看动物大迁徙。有人靠弄虚作假，明明在家里窝着，却在朋友圈里高调大晒异国风景。

争强好胜，绝不服输，处处炫耀高人一等，哪怕只是芝麻绿豆大的小事，也一定要争个自己赢，却不料，因为逞口舌之能而得罪人，最后折损自己的颜面。吴女士，一贯虚荣心强，喜欢把自己买的东西的价钱往高里说，将别人的东西往低里贬。一次，小张买了一双靴子，花了1500多元，吴女士看了眼，说：“绝对不值这个价，我看也就是150元左右，这鞋子不是真皮的，你们闻闻就知道了，不是真皮的不值钱。”可把小张气坏了，小张说：“哟，您这鉴别能力可真行，靴子的价钱是闻出来的？呵呵，这价钱买的是款式，是时尚，不是真皮假皮，您懂吗？您穿过这种时尚的靴子吗？呵呵，可能都没见过吧。”吴女士被噎得脸上一阵红一阵白。如果她没去贬低别人，何至于被人反唇相讥，落得下不来台？

随时随地发表自己的“高见”，是最自以为是的炫耀。有的人任何场合都能插一竿子，任何话题都能搭讪。仿佛上知天文，下知地理，熟悉官场，了解商场，明白政坛，知晓军界，清楚娱乐圈，懂得荤段子……似乎知识渊博到无所不知，无所不晓。只不过，都是蜻蜓点水，点过就飞走。再深入些，说不出，就露馅了。

炫长相，这是对自己极有自信的人的一种炫耀。他们可能既无权势，也无名利，偏就爱炫耀。炫耀什么呢？想来，觉得自己很美，很帅，那就炫耀自己的个人魅力吧，管他是不是真的很美很帅，自己觉得美就美，自己觉得帅就帅。用什么来炫耀呢？当然是异性爱慕的眼光！招蜂引蝶，拈花惹草，身边帅哥美女环绕，自我感觉相当好。但爱慕的异性多了，也是烦恼，其实自己并不想投入真感情，却因为乱献殷勤而被人恋上，起初的新鲜劲确实能激起大脑分泌的多巴胺，燃起激情，但是，这股劲是有时间限制的，多巴胺也必将消退，随后就感觉到被人纠缠的厌倦，脱身，需要智慧和时间，有的人欠缺智慧，用激情来处理激情，可能的结局就是伤人害己，身败名裂。

炫才华，也是一种自视甚高的炫耀。有人能歌善舞，有人能写会画，有人琴棋皆通……才华横溢，是对拥有才华的人的一种敬佩，一种夸奖。有人不过略有才气，却生怕别人不知道，于是，如泛滥的河水一样到处横流，须知那是泥沙俱下的水，而非清澈能濯人手足的溪水，能润人口舌的泉水。才华不够，炫耀得越多，越容易让人看出破绽，留下一地零碎的笑料。

爱炫耀者的内心常激荡着超越实际的自信，在他心里，会觉得别人都不如自己，别人都是无能之辈，可是，就他所炫耀的内容来看，谁又比谁更优秀呢？

想成为优雅的女子，一定要学会内敛，要管住自己一颗爱炫耀的骚动的心，注重培养自己的涵养气度，减少对别人一览众山小的蔑视心态，避免认为别人很无能的傲慢。与其咄咄逼人，自以为是，不如收起毕露的锋芒，用谦逊、温和、善意来完善自己的性格，完美自己的人生。这就是往优雅迈出了一大步。

你的才华不足以撑起你的傲慢

真正有才华的人是谦虚的，有修养的，让人如沐春风，而丝毫不会让人感到难堪。

朋友颖是一所职业学校的老师。我知道她一直都很受学生欢迎，每次学校测评，她的得分都是最高的，不管她是否担任班主任。

有一次，跟她一起喝咖啡，她竟然有些伤感地跟我吐槽：“学生不喜欢我！”

我说：“怎么可能？”

“真的，有个学生嫌弃我，说我上课废话很多，还很大声地问另一个同学现在有没有很想以前的那个语文老师？”

我说：“有必要把一个学生的评价看得那么重吗？”

“从来没有学生这样评价过我，一直都是我接哪一个班，哪一个班的学生就说我比他们以前的老师好。”

原来，老师也这么在意学生的评价。

我问：“她因为什么原因说这个话？”

她告诉我："我现在教升学班，这个班是同年段不同专业不同班级的学生拼凑起来的，以前有的老师们会讲很多题外话来吸引学生，教材内容却讲得不多。到升学班，缺漏必定很多，所以，补缺补漏是必须要做的。我会很细致地将必考篇目一篇篇梳理过去，每一个知识点都讲得很细致，多数学生很认真记，还会提问题，但是那个学生认为我讲的都是废话，她以前笔记有记过，每次讲时，她都大声念过去的笔记，觉得自己都懂，其实有些笔记是照搬教参的，我认为并不准确，所以有时候会引导他们自己去思考……"

我说："你的经验和教学成果都是有目共睹，得到肯定的，不要这样没自信，被一个学生嫌弃，就觉得自己不行了。"

"你说的也对。"

才华不足以撑起自己傲慢的人偏偏傲慢无比，这种人在我们生活中也是比较常见的。

我记得我的一个表妹，整天牛气冲天，看人都是用鼻孔看的。她担任学校学生会的一个小干部，每次有学弟学妹来找，她对人家都是爱理不理的，相当傲慢。有一次，老师都看不过去了，提醒她："对人态度好一点。"

她总觉得自己的演讲能力超强，每次都跟老师要求学校出去参赛也让她去。第一次，她没被选上，便跑去质问老师："为什么不让我去，她们哪里比我好？”老师耐心解释：“因为你才高一，他们高二了，更有经验，你还有机会，等明年吧。”第二年，老师让她去了，那一年，所有参赛者都获奖，但她就拿了个末等奖回来。

另一次，需要拍视频送去参加国家级比赛，她也一定要参加，有三个月的准备时间，她却到临拍摄的前一天才把演讲稿写出来，讲的时候又结结巴巴的，每讲一句，坐在底下的老师就要提醒一句，然后让拍摄录像的师傅拿回去花大量的时间一小段一小段地剪辑完拼起来。

“半吊子”功夫的人总自以为是，该说的话不说，不该说的话乱说，看不到自己不踏实，不地道，说出来的话让人不愉快，甚至令人难堪。

真正有才华的人是谦虚的，有修养的，让人如沐春风，而丝毫不会让人感到难堪。

著名歌星周杰伦一直为歌迷所喜爱，不仅因为他才华横溢，还因为他为人和气，待人诚恳，且不提他的各种大量捐款和助养灾区儿童的事迹，就是在电视台录节目的时候，绝不让年轻的选手难堪的例子，就足以让很多耍大牌的明星汗颜了。

有一次，《中国好声音》节目来了一位泰国的华裔女歌手朗嘎拉姆，才 16 岁，她也很喜欢周杰伦的歌。全场的观众起哄让他们合唱《千里之外》。周杰伦起调，朗嘎拉姆唱得有些儿吃力，唱到高潮时，音调陡高，眼看着她就唱不上去，或者会唱破音，这时周杰伦便极其迅速而自然地接过来唱下去，所有眼见着将出现的窘迫尴尬瞬间消弭于无形。事后，他没有点评此事，也没有在媒体面前谈论此事。但在场的观众和看过这期节目的观众都会为他的人品而鼓掌赞叹。

也许，你可以说他名利都已足够，不需要再拔高自己，赚取名利，然而对照一些大腕们面对年轻人的刻薄，就会觉得这种品格有多高贵。

周杰伦的粉丝们都知道他患家族遗传的僵直性脊髓炎，这种病让他无法躺卧，只能坐着睡觉，然而，开演唱会时，他依然蹦蹦跳跳，易小星曾心酸地问他怎么办，他自嘲地一笑："吃药，镇痛，不然粉丝们来看什么？"

他对于粉丝的好，不仅表现在认真对待自己的每一场演唱会，平时对于粉丝提的要求，他能满足的都尽量满足，能帮助实现的愿望都尽自己所能帮助粉丝实现。

有一位粉丝的弟弟给他留言，说自己的哥哥喜欢他，可是不幸患病，处于半昏迷状态不知何时能康复，希望周杰伦能给他的哥哥留言，自己可以将留言读给哥哥听，鼓励他早日康复。周杰伦真的给他回复：希望你哥哥早日康复，谢谢他来参加我的演唱会。

另一位粉丝在台北街头遛狗时，偶遇周杰伦，作为周董的歌迷，兴奋异常的他随即上前请求合影，而周董也非常友善地答应了。此时该粉丝发现手机居然没电了！慌张之余竟要求："我回去拿ipad，等我！"没想到周董不但没有反感，反而笑道："好，狗我帮你遛，你去拿！"喜出望外的粉丝飞奔去取ipad，终于如愿跟偶像拍了合照。

还有一位粉丝，追星十六年，他说他追的不是星，是一种精神，周杰伦在舞台上说："等一下我唱完请你吃饭。"说到做到，演唱会结束后，他真的请粉丝吃面。

盛名之下，周杰伦对职业依然存敬畏之心，对他人依然体贴入微，反观另一些出道不久的明星，拿高额酬劳，却不背台词，常使用替身，完全没有敬业之心。更有一些明星得到名利后自我膨胀得厉害，陷入各种丑闻不能自拔，但他们会发现负面新闻一出，自己的粉丝就跑掉了大半。

才华撑得起傲慢的人都那么谦逊，那么和气，那么温情，当才华还不足以支撑自己狂野之心、傲慢之灵的时候，是不是应该更谦逊，更和气，更温情？

第五辑 心的美丽盾牌

一个自己快乐，还能带着身边一群人一起快乐的美丽女生，谁不喜欢呢？

怡然自得的人生无须追赶

她有很多自己想做的事，她有自己的目标，她知道自己活着是为了什么，她没有时间去跟随别人，去追赶别人的脚步。

阿若是一个学绘画、爱写作的女生。

她喜欢画国画。画传统国画，也画充满创意，充满乐趣的国画。比如，青绿山水中出现飞碟，地球上有外星人在散步；或者，古代仕女拿着有自拍杆在玩自拍，骑着自行车的萧何月下追赶同样骑着自行车的韩信……

每一幅画都令人忍俊不禁，每一幅图都让人赞叹这个姑娘的奇思妙想。开始的时候，她画给自己看，放在微博上，被转载了，后来，有公司找她画插画，慢慢地，她出名了，有一些大企业来找她作画。

靠自己的大脑和双手让自己衣食无忧，她很满足。

除了绘画，她用充满艺术的情趣审视这个世界，她喜欢用笔记录下她的所见所闻，所想所感。画家兼作家刘墉是她的偶像，她希望自己有朝一日也能成为他那样的人。

她常常外出采风，云游天下，收集大量素材。回到家后就闭门整理素材，做记录，画图画，写文章，忙得不亦乐乎。

她不仅为图书公司、为企业作画，还出版了自己的画册，出版了自己的图书。很多粉丝都爱她的画作，纷纷购买她的画册。她名气渐大，各种媒体来采访。开始时，她接受了几家的采访，后来就闭门谢客。

大家觉得不能理解：都说出名要趁早，现在正是出名的最好时机，怎么还拒绝采访，拒绝出名？

朋友们这么问她时，阿若轻轻一笑：钱钟书先生还拒绝过“东方之子”栏目组的采访呢，我这算什么？钱先生曾说过，假如你吃了一个鸡蛋，感觉不错，何必要认识那只下蛋的母鸡呢？

阿若的成果，令不少人眼馋。

小雅，是阿若认识多年的一个女子，早年，阿若的每一篇文章，每一个帖子，她都必读无疑，她见识了阿若的才华，她觉得自己家境背景、能力才华、勇气胆量，各方面的天赋都比阿若好，怎么就没有阿若这样的成就呢？

于是，朋友们看到她也报名学画画，学写作，组团跟教练学瑜伽，健身，学跳舞，去美容院做美容，去美发店做头发，去美甲屋美甲，然后，美美地参加了各种活动：沙龙、旗袍秀、诗歌朗诵会，娉婷袅娜地去博物院、艺术馆观展，跟团旅游……但凡她觉得能提升自己气质和艺术修养的事，她都用十二分的热情去做。她写道："我要做没有烟火气的优雅女子。"

每晚睡前，她都要将自己遇到的每一件事配合适的图片晒出来，用华丽的辞藻记录下来——她尽量向大家传达自己生活的丰富多彩，自己人生的优雅美好。她还告诉大家：已经联系出版社，要将她所写的文章结集出版。

阿若知道出书的不易，不是浮光掠影的见闻杂思的堆砌，不是生活琐事信马由缰的拼凑；畅销书，是专注与积淀的产物，是耐得住坐冷板凳的成效，不是将热闹一网打尽的结果。但是她无法劝阻小雅，她知道，如果她劝说的话，一定会被好心当作驴肝肺——凭什么你阿若可以一本本书地出，却阻止我出书？

阿若越发低调，她不爱炫耀，尤其不想刺激小雅。阿若想：且把教会小雅的事交给岁月吧，或许岁月会让她学会睿智沉稳，低调内敛……

单从朋友圈来看，小雅的生活比阿若丰富多了，她的为人更是比阿若高调……

阿若，是个敏感的女子，当然知道小雅的小心眼。但她觉得，选择自己喜欢的方式过日子，是每个人的自由，她没有任何权利指责别人。小雅只是想像她一样，只是想超过她而已，说明自己还有被超越的价值。就算被她超越，阿若也觉得这是小雅努力的结果，她一定不会嫉妒羡慕恨，更不会想着反超小雅。她有很多自己想做的事，她有自己的目标，她知道自己活着是为了什么，她没有时间去跟随别人，去追赶别人的脚步。

小雅也确实在一天天地进步，她的生活越来越丰富、忙碌、充实。阿若看到小雅费尽力气展示自己，为了超过阿若，她甚至给人用力过猛的感觉。阿若觉得，小雅这样拼尽全力展示自己的优秀，确实很不容易，所以她每次都会主动真诚地称赞小雅的作品。小雅依然对她不理不睬。阿若并不在意，因为她有足够的自信不攀附，不张扬，不媚俗，不比较，不自己树假想敌。

也有不少人觉得小雅比阿若优秀，可小雅知道，自己忙忙碌碌，东奔西跑，所有风雅事物都要沾一手，实则只是为了追赶上阿若的脚步，超过她。然而，在沉稳低调的阿若面前，自己心中的自卑感其实永远也没有消除。

小雅不能理解，为什么阿若如此普通而忙碌的生活，还能有那么多的成果？每次看到阿若晒点生活小事，她总觉得阿若的生活太琐碎，一点儿都不高雅。她不对阿若发的任何文字点赞，或者写上一句半句的评论。仿佛阿若是空气，她很不愿意看到阿若的状态，但她又不想屏蔽她的朋友圈，因为她想知道，阿若在忙什么，又有什么成果。

然而，阿若每一次出书对她都是极大的打击。她不明白，自己这么努力，这么全情投入，为什么就不能达到平凡到几乎没有什么社交生活的阿若的高度？

阿若一直踩着自己的节奏，安静地过着怡然自得的日子，不紧不慢，不与人争，也没有人值得她争。

她仰慕钱钟书和杨绛，她希望自己与爱人能像他们夫妻那样携手度过一生，那就是最幸福的人生。

她尤其崇拜杨绛先生，她希望自己也能像她那样低调、优雅，有成就，对社会有贡献。

抵抗诱惑的能力

很多人对发生外遇，总有许多理由。但是如果有足够坚固的盾牌在心，那么无论多锋利的丘比特之箭也难以射穿；如果心中有智慧，那么即便闯入八卦阵，也能想出破阵之法，保证自己全身而退。爱护自己的身体，守护自己的灵魂，坚持自己的原则，做一个纯粹的人，那些诱惑，根本就不值一提。

曾经有一种很流行的说法：男人不出轨，是因为钱不够多；女人不出轨，是因为诱惑不够大。

在这个喧嚣的时代，诱惑多到如空气，从四面八方丝丝缕缕地渗透进来，让人防不胜防。但自律的女子内心会服从于爱与责任，会从心中生出抵抗诱惑之力。

茜是一个多才多艺又美丽清纯的女子。她认真勤恳地做着自己的工作，精心细致地规划自己的人生，婚后，兢兢业业地经营自己的婚姻。于是，她拥有了满意的工作，幸福的家庭，丰富的情趣。

幸福快乐让女人年轻，这话一点不假，她仿佛吃了“防腐剂”，永葆青春。

结婚十年，她已 37 岁，却时常被人当作 25 岁。如此年轻漂亮，自然是会遇到一些误会。参加一些聚会，不是遇到狂蜂浪蝶，就是有人要给她做媒。每每，她都需要对人解释：我儿子已经 9 岁了。然后，引来惊叹。

有一次，她感慨道：“保卫婚姻，让自己不出轨，其实是很多场没有硝烟的心理战争啊！”我有些奇怪，她便说起她的一些故事。

早些年，她还未婚，在一所小学教书，学校里女教师多，男教师少得可怜，按理说不会发生什么故事。没想到，就在她尽心尽责地关心学生，去家访的时候，被学生的父亲看中了。这位学生的母亲在国外，父亲在国内经营着一家夜总会。最初，学生的父亲是以感谢老师为借口请她吃饭，她推辞了几次，后来，这位学生的父亲又到学校来找她，跟她了解儿子的情况，谈到很晚，然后一定要请她吃饭，盛情难却，于是她没想太多，便去了。接下来，他一而再再而三地请她吃饭，她开始意识到不对劲了，就想方设法拒绝；他又给她送贵重礼物，也被她很坚决地推掉了。最后一次，她只好说：“对不起，明天我要结婚，没空。”幸好，他不是厚颜无耻的人，懂得及时止步。

后来，她继续深造，学历达标后调到一所中学任教。一次，喜欢文学的她去拜访一位前辈，座中有一位经营酒店的朋友。这位酒店老板先是要为她介绍男朋友，被她谢绝。随后，他又说自己要开连锁店，想请她帮忙联系招聘素质高的员工。待人真诚的她不疑有他，便答应了。她帮他联系了对口职业学校的领导，让他去商谈。然后，他不断地以感谢她为理由，请她吃饭，言语中流露出不一般的意味。敏感的她一再婉言谢绝，却不过，便搬出自己的先生、孩子为挡箭牌，终于挡住了那一支诱惑之箭。

还有一次，她在网络上被十几年前认识不久就分手的男人搜索到。开始的时候，那个男人一再请求加她的 QQ，接下来就是不断地倾诉自己多年的相思之苦。她请他自重，说各自应珍惜自己的婚姻与家庭，但是他不听，她终于领教了不惑男人的疯狂，将他从 QQ 上删除，却不晓得他怎么还能一再地冒出来跟她讲话。面对他的步步紧逼，无奈的她心生一计：向他借钱。他犹豫了一下，问："你会吗？"她看出了他的心虚，于是不断地向他提出经济方面的要求，他支支吾吾，找了很多借口拒绝，后来，他终于忍不住骂她疯了，铜臭满身，说她不是他印象中的那个清纯美丽的女孩子。最后，他不再理睬这个"又老又胖的疯女人"了——终于摆脱他了，电脑这头的茜谢天谢地地长吁一口气。

另一个女孩丽，也是一个漂亮女生——诱惑总是特别青睐美女。丽家教甚好，个性开朗大方，待人真诚，从不高高在上，每一个与她有过接触的人都会被她的阳光气质所感染。

她有一个在大学教书搞科研的男朋友，两人关系融洽，每天都开开心心地度过。

她非常享受这种生活在安定平和之中，直到有一天，这种平衡被一封邮件打破。

发邮件的是她的一位平时较少接触的男同事。那同事非常直接地向她表白：你很美丽，清新脱俗，我爱上你了，想请你吃饭，什么时候给我个机会？

作为漂亮女生，这种事不是没有遇到过，但对方多半会很委婉地表达，她也就很委婉地、不伤人自尊地推辞。

这一次，她的心却慌乱起来，她听说那位同事刚离婚，孩子判给了女方，他净身出户，搬回到公司的集体宿舍暂住——本来那房子也是他妻子的父母出资购买的，与他没有什么关系。如今，他没了自己的房子，收入不高，每月还要负担孩子的抚养费。

也许是情感的挫折，生活的压力，原本很喜欢开玩笑的他变得不快乐。好几个同事跟丽谈起他时，都说现在的他很严肃，我们都不敢跟他开玩笑了。丽也感觉到了，但她与他没什么交集，偶尔相见，她总带着点怜悯，客气地跟他打招呼。不知道是不是这个缘故让他有所误会？但她自省，并没有什么暧昧的言论能让他对自己产生错觉。怎么会这样？

这种疑似办公室恋情，丽真不知道自己该怎么处理。肯定不能告诉同事、领导，那样会损害那个男同事的颜面。可也不好跟男朋友或父母亲商量。

丽只好躲着他，而他却步步紧追，每次偶遇，他都会把她狠狠地夸一通，说她是那么勤劳善良，身上没有半点铜臭，是不食人间烟火的仙女，说他自己真是有眼无珠，竟然没有发现她是如此完美，以前竟然去找别的女人结婚……

每次听到这些话的时候，丽总是快速闪开，怕被别人发现，但心里也难免窃喜，因为她的男朋友从来不会讲如此肉麻的甜言蜜语。虽然一次次地拒绝他“共进午餐”“共进晚餐”“共看电影”的邀请，但丽的心里慢慢地也会想起他来。

与男友认识的周年纪念日正好是周末，丽本有一些浪漫的计划，但男朋友所在团队的课题研究恰好进入最后的攻坚阶段，没空陪丽。丽虽然能理解，却也有些郁闷，只好独自逛街去。

恰好在街头邂逅她的那位男同事。见她独行，他边询问情况，边坚决邀请她共进晚餐。他点了很多菜，还有葡萄酒，他不断地赞美她，不断地向她劝酒。丽的酒量不错，但两杯之后，她忽然清醒，知道自己不该喝下去了，男朋友虽然这次表现欠佳，可是从感情上来看，还是最适合自己的。自己绝不能做对不起他的事。

面对眼前的男同事，丽下定决心：既然他直白地表达，那么自己也要干脆地拒绝，不拖泥带水，让他以为还有机会，浪费了时间。

丽故意说："其实，我不是仙女，我不脱俗，我也喜欢豪宅，喜欢奢侈品，喜欢漂亮衣服，喜欢高档化妆品，喜欢到世界各地旅行……所以，我们不合适……很抱歉，请不要把时间浪费在我身上……我相信一定会有真正清雅脱俗的女子等着你去爱……"

男同事简直不敢相信自己的耳朵，不可能，怎么可能？

丽见此情景，进一步表演，她抬起手腕，说："这个手镯，18K金的，看起来很不起眼，对不对？其实是卡地亚的，12000块钱，我男朋友送给我的。"她又拉出脖子上挂的项链，说："这，也是卡地亚的，36000块钱，也是我男朋友送的……"

男同事惊呆了，好一阵子才说："希望我没有冒犯你，以后我们还是好同事……"

丽点点头，他起身离开。

回家的路上，她心说：哪有什么卡地亚？唉，我很不愿意用这种方式刺激你，但是，长痛不如短痛，我没有别的选择，抱歉了。

很多人对发生外遇，总有许多理由。但如果有足够坚固的盾牌在心，那么无论多锋利的丘比特之箭也难以射穿；如果心中有智慧，那么即便闯入八卦阵，也能想出破阵之法，保证自己全身而退。

爱护自己的身体，保护自己的灵魂，坚持自己的原则，做一个纯粹的人，那些诱惑，根本就不值一提。

没人喜欢故弄玄虚的人

喜欢吊人胃口的人，总觉得自己有别人达不到的值得炫耀的资本，如果视野足够开阔，如果能看到自己的渺小，是不是会有所改观？

坦诚，是一种人生态度，一种值得被人敬重的态度。与之相对的是故弄玄虚，吊人胃口。后者，无论谁接触到，都会觉得不舒服。

坦诚的人总是愿意和坦诚的人相处，不愿意与故弄玄虚的人来往。而喜欢故弄玄虚的人，也不喜欢故弄玄虚的人，彼此心里都揣着小心眼：都是千年的妖精，谁也别跟谁演聊斋。

在我们的生活圈子里，总有一些人喜欢故弄玄虚。有了QQ空间和微信朋友圈后，“作”风独特的她们，把“卖关子”“吊胃口”演绎得淋漓尽致。

小苹喜欢在朋友圈里表现得自己性格开朗，大大咧咧，隔三岔五就发与朋友吃喝玩乐的照片，大家也都认为她就是这样的人。然而，有时候，大家却被她发的吊人胃口的“说说”噎得心里有种不可描述的难受。

有一次，小苹在微信朋友圈发了一条：最讨厌两面三刀的人。

朋友们看到了，个个莫名其妙，猜测：这是在骂谁？究竟谁得罪了她？

有人问她出什么事了？她并不回答，只是发个生气的表情。

了解她的人就不再问了。想等着看她发下一条解释，她却再也不吭气，后面发了好多条都与此无关。过了很长一段时间，她的一个闺蜜实在忍不住，又去问她。她却轻描淡写地一笑，说："你不觉得很多人都两面三刀吗？我只是有感而发！""真没有被人坑了？""哪能呢？我坑别人还差不多！"小苹说着大笑起来。朋友很是怃然。

另一次，小苹发了一张照片，配上几个字："我与玛莎拉蒂！"

大家震惊了。在她的朋友圈，没有那么土豪的朋友。于是，忍不住纷纷留言问："什么时候买的？多少钱？是不是开起来很爽啊？"她并不作答。大家盼星星盼月亮，没有回应，心里也就淡了。可是，过了三天，她竟又统一回复了一句："只是在路上看到停在街边，我凑近了合影一张，你们至于这么激动吗？没见过玛莎拉蒂长什么样？见识很重要啊！"

把人噎得说不上话来。

还有一次，小苹发了一张夜景图，配上文字：航拍，这座城市的深夜 12 点。

这可真是罕见，大家急忙点赞，有人说："小苹，你也玩无人机啊？太高大上了！"有人问："是跟谁一起玩的？"

后来，小苹的一个朋友揭穿了秘密：小苹逗你们玩的，哪儿有什么航拍，只不过是她来我家，从高楼的天台上往下俯瞰拍摄的。

大家似乎看到小苹躲在手机后面，一边读着他们的留言一边偷笑。大家都很气，这样作弄人……以后，回应她朋友圈的人自然就少了。

发朋友圈炫耀，只是想炫耀自己独有的门路、渠道，而不是为了提供信息，帮助他人。所以，见到故弄玄虚的人，不理睬他就是。

小娜也是这样的人，她喜欢晒自己的"土豪"气，比如，晒清一色的 iPhone 手机，从最初的到目前的最新款，排成排，像站岗的士兵一样；有时候晒她去车行看车：保时捷、宝马、奔驰……和各种名车一一合影留念，每次朋友们都以为她要换新车，其实她只是跟车合了个影，并不真买；有一次，她晒出一套房子，她从房子里面往外拍，外面是一个新区，有游乐场，倒是很适合她爱玩的性格，于是朋友们问这房子是在哪里？她不答。有人根据游乐场的特点推断出房子所在的地点。她更是不回答——且留"悬疑"在朋友圈吧。

谁也奈何不了喜欢故弄玄虚的人，但是这种人会遭人反感，朋友会逐渐减少却是不争的事实。他们发朋友圈获得的点赞数会越来越少，这种人或许是坚持做自己，不看他人的眼光行事，但朋友不喜欢被“吊胃口”，逐渐离去是阻止不了的。

阿云对“卖关子”也有癖好。一个假期，她在朋友圈发了几张照片，背景是沙滩，她意味深长地写道：“终于出来了，还是国外好啊！”几个朋友轮番询问：“去哪个国家了？”她都不答。后来，大家发现他们的“共友”——她的一个闺蜜，跟她一起去旅游的女子，晒出来相同背景的照片，用文字清清楚楚地记录了她们到越南某地旅游。

朋友圈内的“共友”私底下不禁一笑：不过是越南，就吹嘘“国外好”，是有多崇洋媚外啊！这要是去了欧美国家，还不吹上天了？

后来，她的闺蜜在朋友圈里吐槽，说跟团游去的地方简直是穷乡僻壤，而且，宰客毫不手软。大家猜测：跟了低价团！还值得这么虚荣吗？

也许是看了她闺蜜所发的朋友圈，后来，她删了自己的朋友圈，不好意思再发夸大其词的感慨了。

喜欢吊人胃口的人，总觉得自己有别人达不到的值得炫耀的资本，如果视野足够开阔，能看到自己的渺小，是不是会有所改观？

阿芬的“吊人胃口”是这样的，她是个“社会活动家”，参加了一些社团活动，时不时晒朋友圈。有一次，她晒自己参加一个“让女性更美”沙龙，说这个沙龙有插花培训，茶艺学习，经典诵读，古筝弹奏，书法字画，旗袍走秀，瑜伽练习……每次一个主题，把一帮朋友唬得一愣一愣的，这么高端大气上档次的活动，他们这个圈子还没人涉足。

她的几个朋友也想参加这个沙龙，给她留言，她倒是很爽快，马上介绍人家参加。

结果，去了一次之后，她的朋友们再也不想去第二次了——这个沙龙原来是推销保健品、化妆品的，每次浮皮潦草地活动半小时，然后就开始推销，想第二次参加就要买产品，买了产品，才能成为会员，才有资格参加，如果介绍别人进来，发展的下线买了东西，自己就可以提升级别，并且能得到抽成——这和传销有什么区别？

朋友们终于明白，她是花了 8888 元才得到留在这个沙龙里的机会，当然她成功发展“下线”后，就会得到相应的提成。

朋友们觉得被骗了——以后连普通朋友也做不成了。但是，反过来想，如果自己不是那么好奇，对“吊胃口”有一定的抵抗力，能做到你吊我胃口，我不理不问，应能避免潜在的上当受骗的风险。

由此可见，朋友圈是故弄玄虚的绝佳之处，没有朋友圈，故弄玄虚之人就失去了施展拳脚的平台；如果朋友圈内多一点理性分析后的点赞欣赏，或许也会熄灭故弄玄虚之“虚火”。

培养一颗节制的心

君子爱财，取之有道。道，是正规的渠道，符合法律法规的，也符合伦理道德的道，非旁门左道，更非歪门邪道。别妄想走捷径获取钱财，捷径的尽头或许是一个深不可测的大泥沼，一旦陷进去，怎么挣扎都难以脱身。

小时候，我们初生牛犊不怕虎，对什么都好奇，什么都想触碰，都想尝试，而父母总是提醒道：“要小心！”几时开始，我们变得小心翼翼起来了？

长大了，我们发现世界太大，而我们的心太小，装不下世界的风云变幻。随着风起云涌，潮起潮落，我们的心也渐渐变得大起来，有的人能看清自己，对自己有正确的定位；有的人却自视太高，心大到超过边界——过于自大、膨胀，甚至爆炸，最终炸毁了自己。

一颗有所节制的心！简简单单的一句话，要做到却很难很难，一不小心就会滑入“放纵”的深渊。

有的人恣意放纵自己的心，想将世界万物悉数揽入怀中，这是因为抵挡不住物欲横流的滔天洪水。若是有足够的才能，或许还好一点；若是才能不足，那心就难保不会得病了。

文学作品里有许多对贪婪、吝啬的描写，都给世人留下警世形象，生活中很多人对自己的贪念却不自知。

比如财富，是好东西，实现财富的增长是正常人的正常追求，可以体现自身价值，可以益己助人，但贪财，却是万恶之源。无节制地不择手段地竭尽全力追求财富，不仅害了别人，最终还害了自己。

在曾经热播的电视剧《人民的名义》中，有数位典型的负面人物，开始的时候躲在权力的背后，干损国利己的事，捞到了不少好处，有人买了别墅，将钱财堆满整面墙、整张床、整个冰箱，最终的结果却是被送进牢房，有的以为逃往国外就可以享受自由奢华，却被黑帮控制，只得东躲西藏，最后被黑帮枪杀；还有的用上浑身解数，害了一个又一个人，以为自己能逃脱法网，最终却是饮弹自杀。

害人终害己，天网恢恢疏而不漏，问苍天曾饶过哪一个贪婪的人？

又蠢又贪，不仅最终损失了钱财，还授人以笑柄，成为警戒世人的负面故事。

现实生活中，就曾有人冒充公主、格格等皇室后裔诈骗，最夸张的是有人直接冒充皇帝本人，自称是乾隆皇帝，吃了长生不老药，活了 300 多岁，掌握着大清皇室的资产，不过这些资产被冻结了，如果你投入启动资金，让他去把皇家资产解冻，你就可以获得几倍甚至几十倍的收益……

一般人听到这种谎言都会从心里嘲笑骗子“傻”，心想必定没人上当，然而，就是这么低劣的谎言，竟有一个富婆相信了，一下子就被这名冒充乾隆皇帝的男子骗走 200 多万元人民币——这还只是其中极小的一个零头，她总共被骗去 4000 多万元。

按理说，拥有如此之多财富的人对钱不是那么渴望了啊，但是贪得无厌让她轻易相信了骗子的话，也就轻易被骗了，给自己带来无休止的烦恼与麻烦。

君子爱财，取之有道。道，是正规的渠道，符合法律法规的，也符合伦理道德的道，非旁门左道，更非歪门邪道。别妄想走捷径获取钱财，捷径的尽头或许是一个深不可测的大泥沼，一旦陷进去，怎么挣扎都难以脱身。

作为普通人，我们不仅对财富的追求没有止境，对美好事物的追求同样不会停止。

爱美之心，人皆有之。

对于一个正值青春年华的姑娘来说，爱美是极为自然的。但是，很多女生逃不出这样一个怪圈：一边哭着喊着“五月不减肥，六月徒伤悲”，一边配各种美食图片，发着“唯美食不可辜负”的文字，并作“吃货”相。

控制不住自己的嘴，迈不开自己的腿，也就不要奢望控制住自由生长的赘肉、肥肉，如此，所向往的模特身材就只能一直长在别人身上，停留在图片里，永远跟现实中的自己无缘。

追求好身材，追求美丽的容颜，本是一种积极的生活态度，但下载了一堆健身减肥的视频，却连看都懒得多看一眼，更不用说照着练习，结果是毫无改观，只能用修图软件来骗骗自己。

舒适、安逸，是人人都喜欢的，为了实现更高的理想，为了达到更高的目标，而去改变自己安逸的习惯，让自己经受一些折腾，多一些艰苦的挑战，这样的人不占多数。

有时候，会听见有人自嘲：我生活已经够好的，我很知足，我干吗要做？

殊不知，安逸，容易生懒散；懒散，容易变肥胖。肥胖，是缺乏自律的结果，不仅是身材不好看，还有健康之隐忧。

与其在肥胖中沉沦，迎接与医院、药品结伴的日子，不如给自己一点改变的勇气——工作上多用一点心，生活中多一点活力，运动起来，积极起来。

曾经劝一位生活很安逸的女友运动起来，她给自己找了很多不动的理由：身体欠佳不能动，气候不好不能动，电视好看不想动，美食好吃没空动，运动太累不爱动……

当然，她也不是完全不动，她喜欢外人帮着“动”，比如，花大价钱去美容院找美容师帮忙做脸部运动，到按摩院找按摩师做身体运动，只是不想自己动一动而已。

只是，被动的“动”，效果不如主动的“动”，尚处于中年的她，有了不少毛病，需要常去医院拿药。如果把看病、取药、吃药的时间用来运动，或许能由内到外地改变，让未来的日子更充满活力，多点健康，生活不是更愉快吗？

曾在网上看到一些七八十岁的老太太，不服老的人生就是一部传奇——七十来岁还拥有年轻人的身材，跳起舞来轻盈多姿，八十多岁，还踩着高跟鞋在T型台上“秀”，娉婷婀娜，毫不逊色年轻女子。她们都有一颗自律的心，管住自己的口，迈开自己的腿，留住的是自己超长待机的优雅。

羡慕吗？想跟她们拥有一样的身材与美丽，就要付出跟她们一样的辛苦！

不仅中年人需要“不惑”，需要“节制”，年轻人也需要，切不可因拥有“年轻”这个资本，就随心所欲地贪吃贪睡贪玩，不知疲倦地熬夜打游戏刷微信微博。要知道，年轻时过度消耗体能，会在未来向你讨还，需要付出美丽、帅气、健康作为偿还的代价。

培养并拥有一颗节制的心，会让生活长长久久地美好，也会让自己健康美丽。

有一种焦虑叫：便宜都被别人占去了

伶牙俐齿的人，需要多一些厚道。言论出口前，先在脑子里过滤一下，是否无益于自己又伤害了无辜？是否爽了自己，伤害了别人？生活中，不要斤斤计较鸡毛蒜皮的得失，要做个豁达洒脱的人，把志向立得高远些，将眼界放得开阔些，因为“牢骚太盛防肠断，风物长宜放眼量”。

占便宜，都是给小市民贴的标签。但凡有点知识、有点智慧的人对占便宜并不热衷。

因为他们知道，世间最公平的是“一分钱一分货”，便宜不值得占，轻易占到的便宜没有价值，费力占到的便宜很可能付出的比得到的要多得多。

现实生活中，常常会遇到想占便宜，反而“蚀把米”的结果。有一次，我带孩子去商场买衣服，买完衣服，得到一张抽奖券，说是在二楼拐角处可以领赠品。也是贪便宜的心理作祟，便上了二楼，领了包劣质纸巾，价值不超过3毛钱。领完想走，售货员说：“等一等，你手里拿的这张抽奖券要不要刮开看看？”我从没有获奖的体验，心想：刮开也没用，我从不会获奖。不料，刮开后，居然是特等奖：可以以 580 元的价钱买 2000 多元的金镶玉。我本来对珠宝不是很感兴趣，但孩子隐约记得北京奥运会上金镶玉的金牌，觉得超值了，催促我赶紧买。我正犹豫间，售货员拿出一沓没有获奖的抽奖券以示我们是多么幸运。看孩子那么兴致高昂，便掏钱买了。后来才知道原来连一百元都不值！以为占了便宜，却承担被骗的耻辱。过后，我把骗子行骗的各种漏洞一一写出，分析给孩子听，他也明白了是自己一时不小心被骗了，明白了不是只有老人家才有被骗的“特权”，年轻人一样会被骗。从此以后，再也不轻易相信自己会“捡漏”，能够占到大便宜。

这是想占便宜自食苦果的故事。生活中，还有一种心结是：明明自己生活得很好，却老觉得被别人占了很大便宜。于是很纠结，很焦虑，很不平。

如果只是抱怨几句，如果只是吹牛不上税地吹嘘自己，如果只是一味地抠门，并没有冒犯别人，也就罢了。但有的人对社会有着强烈的不满，总觉得自己受到不公平的对待，说起话来像吃了枪药，咄咄逼人，把自己的不满转化为满腔的嫉妒羡慕恨，说话容易带有攻击性，更加令人不愉快。

阿萍是阿珊的同事，阿萍就属于老是疑心别人占了便宜的那种人。阿萍的父亲是一家单位的领导，她的家境比阿珊家好很多，早年她看阿珊老实巴交，有意与她走得很近，常使唤她帮忙做事。机缘巧合，家境远不如阿萍的阿珊嫁的老公是阿萍娘家楼上的邻居，一个出身于书香门第的年轻人。阿萍遇到阿珊，惊诧地问：“你怎么认识他的？他赚钱比你多，便宜你了。”阿珊说：“你的老公不也是很有钱？”阿萍说：“我这叫门当户对，你这叫……”后半截她没说出来，但阿珊已经被气得够呛。其实，阿珊老公也不过是个工薪族，收入比阿珊略高一点而已。

婚后，生了孩子，因为住房太挤，阿珊夫妻和孩子不得不购屋另住，那时房价还没上涨，每平方米 2500 元，与现在的房价相比，是无法想象的“地板价”。

阿萍的老公有单位的福利房，他们没有买房的“刚需”，阿萍很会存钱，她暂时还不想要孩子，觉得养孩子花销大，不合算。不过，人生的小船经不起生活的风浪，阿萍起初不愿意生孩子，后来又生不出孩子，因为各种原因，老公跟她离婚了。

不久，她父亲拥有的四房一厅的房子跟阿珊公婆家两房半的房子一起拆迁。这下，阿萍可跳起来了，她现在一套房子也没有，不得不去租房子住，她责骂社会不公，抢了她的房子，却只字不提她签下了黄金地段两套单元房的回迁协议。

上班时，遇到阿珊，阿萍不无嫉妒地说：“你竟然比我早那么多年住进商品房，享受这么多年！”阿珊觉得不可思议：这有什么好说的？谁掏钱买的不是商品房？你自己存那么多钱，那时候买两套都够，你不舍得买，自然是没房住了。

阿珊并不跟她的盛气凌人计较，解释道：“家里房子太小，人太多，平时5口人，春节时有8口人住，实在太挤了，所有东西都是到处乱堆，不得不去买房子。”

阿萍不听人家解释，只顾自说自话：“你原先条件不如我，凭什么你有商品房住？”

阿珊听她绕来绕去反复说这句话，又好气又好笑，回道：“你也去买不就有房子住了吗？你比我有钱多了，你家也比我家有钱。要说买房子，你可以买更好的。”

“现在房价涨了。”阿萍非常不爽。

“以你们家的财力，不会买不起房子的，哪怕房价涨了。”“凭什么我要把钱拿出来给开发商赚？”这逻辑真是奇怪，既然不愿意把钱拿去给开发商赚，人家也不会平白无故地把商品房给你住呀！那又何必嫉妒别人先住上商品房？

她俩单位有一个叫小茜的女子，家庭条件跟阿萍差不多，也就成了阿萍的好朋友。小茜身体不好，经常请假，一请假就很长时间。

有一天，阿萍对阿珊说："这小茜长期病假，活儿都分摊给我们干，她白拿工资，还占着职称，害别人上不去……"

阿珊看她一眼，忍不住说："她不是你好朋友吗？"

"好朋友也经不起这样被占便宜！"

"她请假的工资只拿几百块，她的活儿好像是我们组在做，也没摊到你身上吧？也没占你的职称啊！"

"她老公有本事，能赚钱，能从我们这二线城市考到北京去，多厉害！哎，你说，她长期不来，是不是到北京她老公身边去陪孩子读书？"

"这个我就不知道了，好像没有，我打电话给她，她说在家养病。"

"谁知道，你又没看见她在家……反正，我就是不爽。"

阿萍再嫁，嫁给了一个有房子的公务员，阿珊觉得她很美满了，嫁得比初婚更好。嫁后，阿萍也不用自己掏钱租房子了，还常常出国旅游。她似乎很害怕别人嫉妒她每年出国一趟，她从来不发微信朋友圈，也不告诉任何人。但是，她又不甘于锦衣旅行的寂寞，于是将自己微博的地址告诉了别人，偏巧这个人是阿珊老公的好朋友，于是阿珊就得到了阿萍隐藏很深的微博，才知道她这些年常常出国旅游。

单位换了领导，一天上班时，阿珊正埋头做事，阿萍忽然跑到她办公室里来，大喊大叫："听说新来的领导是你的大学同学？这下可好了，你有人罩着了！"阿珊皱皱眉，说："这怎么可能？你动动脑子，想一想，她比我大 5 岁，怎么会是我大学同学？再说，人家是著名大学的研究生毕业，我不过是个大专生，高攀不上。"阿萍听了，很满意地走了。阿珊无奈地摇摇头。

多年之后，终于要回迁了。

房子位于市中心最好的地段，地铁站旁，还要交一点补偿款。她的怨言又至："凭什么还要我们交 15 万？"

邻居说："这里房价每平方米目前是 4 万多，有望升值到 5 万，你拿了两套房子，180 平方米，你算一下，值多少钱？只交 15 万补偿款，你还有怨言？"

她说："那我不要这房子，叫他们把我原先的房子还给我。"

邻居看看她，翻翻白眼，无语。

待了一会儿，她又说："这房子这么高，才两部电梯，这是不给我们好好住，是逼我们去买商品房，对吧？"

和她一起去拿拆迁房钥匙的邻居继续翻翻白眼，无语。

另一个邻居说："要不这样，我给你出 15 万，我也不要你两套房，你给我一套房就行……要不，一间房，也行。"这话可真损，现在轮到阿萍翻白眼了。

开始装修房子，阿萍时不时地问阿珊装修进展怎样了。阿珊说："我真不知道，是我老公找装修公司做。"

有一天，阿萍发现天然气管道没有进厨房，她大惊小怪地找到阿珊。

阿珊一头雾水。

阿萍阴阳怪气地说："我家是没有，没准你家有。"

阿珊说："都是一个小区，有，就大家一起有；没有，就都没有。怎么就变成你没有，我有？"

阿萍马上转换话题："这安置房就两部电梯，每层住五户人，30 多层，上班怎么来得及？你说，是不是商品房卖不掉，政府用这个方法逼我们去买商品房？""姐姐，这地方是市中心地带，地铁口，一平方米已经升值到 5 万了，街对面 SOHO 一平方米卖 6 万多啊！你还要怎样？"

和阿萍交往，阿珊觉得特别心累。

每个人都有选择的自由，但也要为自己的选择承担相应的责任，既然因为地段好，选择回迁，而不要领拆迁费，那就必然要等待，要承受拆迁房某些不如人意的地方。不可能一个人把所有便宜都占尽了。

有的人嘴巴赶不上大脑的转速，有的人大脑跟不上嘴巴的伶俐。

伶牙俐齿的人，需要多一些厚道，不要随便把垃圾情绪发泄给别人。言论出口前，要先在脑子里过滤一下，是否无益于自己又伤害了无辜？是否爽了自己，委屈了别人？

生活中，不要斤斤计较鸡毛蒜皮的得失，要做个豁达洒脱的人，将志向立得高远些，将眼界放得开阔些，因为“牢骚太盛防肠断，风物长宜放眼量”。

尽量用健康的兴趣爱好充实自己，让生活丰富多彩，忙到没有时间去议论别人的是非曲直，没有时间去患得患失，这样就会减少牢骚抱怨，减少造成令人生厌的可能。

为什么有的人会有这种“自己总是吃亏，便宜都被别人占去”的心态呢？

顺其自然吧，放过别人，也就是放过自己。

总是盯着别人的身影，害怕别人比自己好那么一点半点，或者臆想别人比自己好，忍不住要用话语攻击别人，方才心情舒坦——这是一种扭曲的心态。

把胡思乱想、胡乱猜疑的时间花在培养自己的爱好，提高自己的修养，过好自己的生活上，不要老是咄咄逼人地聒噪不休，就不会那么令人厌烦了。

带着身边的人一起成为幽默的人

一个自己快乐，还能带着身边一群人一起快乐的美丽女生，谁不喜欢呢？

生活中，我们会发现跟什么样的人待一块儿的时间久了，彼此之间会互相影响，所谓“近朱者赤，近墨者黑”。

有一种聪慧女子自带快乐气场，在哪儿都会给身边人快乐，遇见她，结识她，会觉得是一种幸运。因为她的只言片语会驱散你心中的阴霾，会让你觉得阳光明媚。

莹是这样的女子，长相清秀美丽，性格开朗的她在大学里学服装设计，每每夜深人静的时候，画完服装草图，她就从 QQ 空间里冒出来，说上一两句很逗乐的话，把一群人都带成幽默的人，她的同学好友竞相在评论区里展示幽默范儿，带给大家不少欢乐。她是一个纯情女子，并不喜欢把自己装成“假小子”跟男生称兄道弟，对男生一些过头的玩笑话，她都能轻松化解，留下一段段纯洁的友情，让人看到一个冰雪聪明的美丽女子。我很羡慕她的高人气，我给她取个绰号叫：设计师中的开心果。

看看她写的那些令人捧腹的“说说”：

愚人节的时候，她写：“如果连愚人节都没有人和你告白，那你就是真的没人喜欢了。”

有男生回答：“不屑。”

她说：“给你屑的机会了吗？”

“520 没人告白？坚强点，最起码你还招蚊子喜欢。”

“都说女生是水做的，温柔不会乱发脾气，我也是啊！只是我是可乐的成分，得捧着，不能晃，不能乱掰，不然容易炸。”

“你给我点赞就是喜欢我，你不给我点赞就是怕被人发现你喜欢我，你赞与不赞，我都在这里，被你喜欢着，毕竟我是小仙女。”

在很多自称“小仙女”的女人中，她是温情、开朗、不做作，令人忍俊不禁的那一个，让人不会多想就愿意接受她是“小仙女”了。

关于睡觉，她的每条“说说”都有不同的趣味：

完成设计作业晚了，上床前，她发了一条说说：“所以说，晚上要早点睡，不然一会儿又饿了。”

这完全不是小女生矫情的心态，总是在上半句让人产生“睡个美容觉，醒来容光焕发”之类的联想后，下半句给你个意料之外。

一次，她说：“知道我在床上多厉害吗？”（让人产生不可描述的想象）下一句，她紧接着说：“我可以不吃不喝睡一整天！”

同学说：“考虑一下床的感受！”她说：“床太爱我了，因为我对床爱得深沉。”有同学说：“太污了你。”她回答：“仁者见仁污者见污。”

有一次，她用《猫和老鼠》里面的图片表示自己每天的状态：上午，一副没睡醒的样子；下午，一副睡不醒的样子；晚上，一副打了鸡血的样子。

上完体育课，她写：“运动本是可以减肥的，可是今天老师告诉我，打排球是可以长肉的，肿这么大，真的长肉了。”

恋爱了，她也会有小女生的情态，但绝不是多愁善感，纠缠不休，愁思多到化解不开，也不是作天作地，作成妖精，而是轻巧成精灵。

有时候她是这样写的：“隔着长长的距离，却感觉你透过电话用语言拼凑起一个拥抱，轻轻抱了抱我。”

引来一群同学在下面留言起哄：“大晚上的请保护单身狗谢谢。”

男朋友生日，她没有秀恩爱，晒美食，而是把男朋友 P 成一只小猫，写道：“给不了你太多感动，但我会陪你很久，破壳日哈皮。”

有时候，大概是男朋友没空陪她，她也会生气，于是，她写：“不敢再炫耀身边有谁，害怕他突然间离开让我尴尬……”

她是那种乖巧的女朋友，欢乐是她的常态，偶尔生气时也是淡淡的。美貌才华加可爱能干，谁能娶到她，真是福气。

考服装史，她写："背了那么久，结果说开卷考。"

冬天来临，她写道："脚在被窝里每伸向一个新地方都是一场探险。"

她也有小女生的调皮、恶作剧，比如她写道："我每生一次气，讨厌的人身上就多长 2 斤肉。"

有人说："80 斤的人多长 2 斤也没关系，说不定还感谢你。"她强调："每天长 2 斤。"

而对她自己，则是："虽然今天吃了很多，但是还是希望明天睡醒可以瘦两斤。"

有人喜欢美颜自拍，P 照片，把自己的腿 P 成 2 米长，她也喜欢大长腿，自己的腿很瘦很长还嫌不够，她画的设计图上，每个模特的腿都有 5 米长。

因为这么可爱，所以有一次她参加全国服装设计比赛需要群众投票，她一发出消息，朋友们马上就帮她大量转发，最后她以 3 万多票成功入围，这不仅因为她设计得好，还因为她有很好的人缘，大家都乐意帮助她。

一个自己快乐，还能带着身边一群人一起快乐的美丽女生，谁不喜欢呢？

“助人”只是“为乐”，不求他人回报

帮助别人，是发自内心的事，既然没人强迫自己非要帮，那么，自己也不要站在道德的制高点上，要求别人感恩，用道德绑架别人跟自己一样大公无私。他人懂不懂得感恩，是不是无私，都是别人的事。自己付出了，把自己该做的做好了，事情就已经结束了。在助人的过程中，自己得到了精神升华，身心更加健康，内心影响气质，一步步向着优雅，向着真善美进发，就是最大的回馈。

帮助别人，在这个过程中，看到受助者往好的方向发展，助人者已经得到满足和快乐作为回报，不要再孜孜以求对方的感激与报答，这样才能让对方没有压力，自己的付出也不是出于私心。

小真是一个坦诚的人，她帮人不留私心，能做到的都努力去做。她业余时间喜欢写作，写作多年，也认识了一些文友，积累了一些发表文章和出版图书的资源。她的朋友阿春，也喜欢写作，苦于找不到门道，小真知道后，就毫无保留地把自己花大量时间和精力收

集到的投稿渠道一锅端给了阿春。后来，她见阿春也想出版自己的文集，就把自己觉得最靠谱的两个微信出版群介绍给阿春。她希望阿春能够顺利地将自己多年积累的文章付梓。

小真帮助别人真是不遗余力。她看到网友转发一个瘫痪的病人生活艰难的消息，就赶紧跑去银行给那病人汇款；看到贫困生因为交不起学费无法升学，她又马上拿出钱来，全额资助他；看到有女生遭受重病打击，家中又极其贫困，她不仅积极参与捐款，还帮忙到处转发轻松筹的链接，许多人通过她的链接对那个女生给予了帮助，那些人有她认识的，也有她不认识的，她看到自己的努力对那个女生有一点帮助，就很欣慰。

工作上，有同事不擅长电脑操作，她会热情地加以指点。有同事想提升自己的业绩，希望她让出一些项目，她二话不说就让出来。有同事工作中遇到困难，完不成任务，她就主动把自己的项目分一部分出去，尽量让同一个小组的同事都能顺利完成任务。有一次，她和两个同事组团做一个大项目，大部分是她完成的，但拿奖金的时候，她却跟那两个同事平分。她一直觉得，大家好才是真的好。

她有一个相识恨晚的朋友阿君，也跟她一样真心待人。

阿君的孩子学习成绩优异，在省重点高中一大群“学霸”中还遥遥领先，被很多人羡慕。小真也羡慕，有时候，会向她请教孩子的学习经验，阿君都会毫不保留地告诉她。

小真觉得跟阿君交往不累，因为她不小气，不藏私，有好东西愿意拿出来分享，这一点跟小真很相似。

如果人人都是这样坦诚以待，替别人着想，那生活就更美好了。但是，我们能要求自己做到坦诚，却不能强求别人也坦诚。

小真的孩子读小学的时候，孩子同桌的妈妈阿兰主动和她结识，也经常互通一些信息。但是，小真总觉得阿兰心里有一些小算盘，所以感觉不那么好。

阿兰平时喜欢晒孩子，晒美食，晒旅游，晒生活，看起来很开朗大方。有一次，小真看到阿兰晒孩子在某培训机构学数学，就问阿兰，是哪家培训机构，是不是学奥数。手机不离身一贯秒回的阿兰，这一次竟然几天都没回复。小真猜测她是不愿意告诉自己，或者，觉得自己的孩子是她孩子的竞争对手。如此，也就算了。

另一次，阿兰说漏嘴了，说她孩子在一个名师那里辅导作文，小真也很想让孩子参加，便问怎么报名，阿兰却顾左右而言他。

小真因为自己爱写作，也积累了一些杂志的投稿邮箱，有时候，她看到孩子的作文写得还不错，就给投出去，还真在一些小学生作文等刊物上发表了几篇。阿兰知道后，就问小真要邮箱，小真毫无保留地把相关邮箱信息送给她。想到老师和学生都会需要，于是，她就把这些信息发到班级群里，送给所有人。

小真觉得自己这样无私地付出，阿兰看在眼里，多少也能受到感染吧。然而，她错了，享用她提供的信息，阿兰很开心，但是让阿兰也分享，却是千难万难。

阿兰的孩子参加了一个诗歌朗诵会，在电视里播出，小真微信里问她怎么报名。阿兰和过去一样，当作没看到。

小真多次碰壁后，想，算了，以后就不问了吧。不能强求每个人都能把自己的东西拿出来分享。

阿兰对小真十分提防。一次，在和其他妈妈聊天中，小真发现阿兰的朋友圈里很多信息是对她屏蔽的，而一些无关紧要的消息，她可以看到。她只能看到阿兰发的吃喝玩乐，或者是拉选票。

小真摇摇头，心说：何必呢？又不是对手，这么怕我知道秘密？既然是秘密，何不对所有人屏蔽？想不通！后来，她对自己说：莫怪他人，莫怪他人，每个人都有自己的小秘密，不想让别人知道的小秘密，就算知道了，也不能怎样，那又何必去刨根问底，非要知道点儿什么呢？

帮助别人，是发自内心的事，既然没人强迫自己非要帮，那么，自己也不要站在道德的制高点上，要求别人懂得感恩，用道德绑架别人跟自己一样大公无私。懂不懂得感恩，是不是无私，都是别人的事。自己付出了，把自己该做的做好了，事情就已经结束了。在助人的过程中，自己得到了精神升华，身心更加健康，内心影响气质，一步步向着优雅，向着真善美进发，这是最大的回报。